你越迷茫，越要去闯

张卉妍 / 著

北京联合出版公司
Beijing United Publishing Co.,Ltd.

图书在版编目（CIP）数据

你越迷茫，越要去闯 / 张卉妍著 . -- 北京 : 北京联合出版公司 , 2019.8

ISBN 978-7-5596-3304-0

Ⅰ . ①你… Ⅱ . ①张… Ⅲ . ①成功心理－通俗读物 Ⅳ . ① B848.4-49

中国版本图书馆 CIP 数据核字（2019）第 110770 号

你越迷茫，越要去闯

著　　者：张卉妍
责任编辑：管　文
封面设计：李艾红
责任校对：胡宝林
美术编辑：李丹丹
插图绘制：郑韶丹

北京联合出版公司出版
（北京市西城区德外大街83号楼9层　100088）
北京市松源印刷有限公司印刷　新华书店经销
字数 180千字　880毫米 × 1230毫米　1/32　7印张
2019年8月第1版　2019年8月第1次印刷
ISBN 978-7-5596-3304-0
定价：36.00元

前言

preface

我们都曾有梦想，都希望找到喜欢的生活状态，但是，时间长了，有些人就忘记了曾经的万丈豪情，忘记了曾经许下的诺言。不知道有多少人被眼前的困难吓得连连后退，有多少人躲在安逸的生活里不愿探头，有多少人藏在时光的角落里窥探他人的成功而悔恨。在忙忙碌碌的生活里，在逼仄的格子间里，很多人让迷茫代替了坚定，理想变成了无助，笑容扭成了愁容。叫嚷着命运不公，抱怨、吐槽成了这些人生活的一部分，甚至有的人已经自甘卑微。

我们常说，生活会给予我们想要的一切，但许多人憧憬的美好状态，不是说一说或是做一个美梦就可以实现的，它需要我们比别人多努力百倍、多付出百倍，甚至是多折磨百倍，才可能拥有。如果没有跨急流攀险峰的胆魄，没有全力以赴抵达理想彼岸的决心，遇到荆棘和坎坷就轻易退却，遭受泥泞和伤痛就选择放弃，那么无论我们再怎么憧憬诗和远方，生活本身依然会是一潭死水。过好这一生，你需要智慧，更需要勇气。有勇气去闯荡，才会让你放弃眼前的苟且，穿越更多的丛林，见识更多的风景，经历更美好的岁月。

爱拼才会赢，爱闯才能成就人生。“三分天注定，七分靠打拼。”你的未来不会在某个地方傻傻地等你，成功不会从天而降，它需要我们每天不断地去闯，去努力、拼搏、积累。你要用双手拼出属于你自己的世界，拼出属于你自己的辉煌。路都是自己走出来的，如果只想走坦途，那么你的人生连接的就是一种向下的曲线，路越来越窄，未来越来越迷茫。如果不畏险途，勇敢向前，在跨越一道道障碍后，你会发现，生命越来越精彩，曾经的困难与挫折都化作了通向成功的彩虹桥。

努力去闯，是为了不辜负曾经那些五光十色的梦想；努力去闯，是为了以更快的速度接近我们心中的目标；奔跑，是为了提醒自己前方的路途还很漫长。跌倒了爬起来就好，受伤了休息后再出发。现在流的汗水，是为了证明我们没有空耗生命。现在那么拼命努力，是为了十年后，乃至年老时，不因虚度时光而追悔莫及。

生活从来不会辜负每一个人的努力。从来到这个世界上开始，我们就在与命运做斗争，慢慢地你会发现，当你越努力时，你就会变得越幸运。所谓的挫折、失败、苦难并不可怕，可怕的是不敢面对。所有命运给予你的伤痛，终将会成为你人生的垫脚石，是别人无法复制、独属于自己的人生勋章。在奋斗的道路上，荆棘丛生，被伤害、被委屈都是必然，如果就此放弃，将一事无成。要知道，每一座历尽艰难爬上的山峰都是到达更高山峰的起点。它们不是拦路虎，而是过路桥；它们不是命运给你设下的坎，而是赐予你的机会——遭遇坎坷，大部分人会退缩，而你继续前行，等着你的将会是更大的收获。

目录

CONTENTS

第六章　不怕千万人阻挡，只怕自己投降
——不逼一把，你永远不知道自己有多优秀

第七章　机会都是闯出来的，不是等来的
——宁可出门碰壁，不能在家面壁

第八章　你想要的人生，一切都有可能
—— 只要敢想，你就行

第一章

谁的青春不迷茫，敢闯才能找到答案

——你前行的脚步，终将穿透迷雾

没有梦想，何必远方

当一个人明白他想要什么并且坚持自己的理想时，那么整个世界都将为他让路。

他生长在一个普通的农民家庭。家里很穷，他很小就跟着父亲下地种田。在田间休息的时候，他望着远处出神。父亲问他在想什么，他说，将来长大了，不要种田，也不要上班，每天待在家里，等人给他寄钱。

父亲听了，笑着说："荒唐，你别做梦了！我保证不会有人给你寄。"

后来他上学了。有一天，他从课本上知道了埃及金字塔的故事，就对父亲说："长大了我要去埃及看金字塔。"父亲生气地拍了一下他的头说："真荒唐！你别总做梦了，我保证你去不了。"

十几年后，少年长成了青年，考上了大学，毕业后成了作家，每年都出几本书。他每天坐在家里写作，出版社、报社给他往家里邮钱，他用邮来的钱到埃及旅行。他站在金字塔下，抬头仰望，想起小时候爸爸说的话，心里默默地对父亲说："爸爸，人生没有什么能被保证！"

他，就是台湾极受欢迎的散文家林清玄。那些在他父亲看来十分荒唐不可能实现的梦想，在十几年后都被他变成了现实。为了实现这个梦想，他十几年如一日，每天早晨 4 点就起床看书写作，每天坚持写 3000 字，一年就是 100 多万字。靠坚持不懈的奋斗，他终于实现了自己的梦想。

如果轻易放弃，梦想就只能是梦想；只有坚持到底，梦想才不仅仅是梦想。只有无论如何都不放弃梦想的人，才有可能让美梦成真。许多人之所以不能实现梦想，并不是因为梦想太高，而是太容易就轻易放弃。

一位小学教师给他的学生布置了一个作业：写一篇作文，题目是《我的梦想》。

其中有一位小男孩，洋洋洒洒写了 9 张纸，描述他的伟大梦想。他想拥有一座属于自己的牧马农场，并且仔细地画了一张 200 亩农场的设计图，上面认真地标有马厩、跑道等的位置，然后在这一大片农场中央，还要建一栋占地 4000 平方英尺（1 平方英尺＝0.0929 平方米）的豪宅。

他花了很多心血才把这篇文章作出来，第二天交给了老师。然而，三天后当他拿回作文翻开一看：第一页上打了一个又红又大的叉，旁边还有一行字：“下课后来见我。”

小男孩下课后带着作文去见老师：“为什么我的作文是不及格？”

老师回答道：“你年纪虽然小，但也不要老做白日梦。你们家里没有钱，也没有雄厚的家庭背景，什么都没有。盖农场是需要花很多钱的大工程，你要花钱买地，花钱买纯种马匹，花钱照顾它们，所以你的梦想是不可能实现的。因此，我建议你再写一个比较不离谱的梦想，我会重新给你分数的。”

这个男孩回到家后征询父亲的意见。父亲只是告诉他：“儿子，这个决定对你来说非常重要，你必须自己拿主意。”

于是这个小男孩再三考虑后，决定将原稿交回，一个字都不改。他告诉老师：“即使是不及格，我也不放弃梦想。”

几十年后，当老师到小男孩的农场做客的时候，他才知道小男孩没有放弃自己的梦想是对的。

有位哲人说：“世界上一切的成功、一切的财富都始于一个意念，始于我们心中的梦想。”也就是说，成功其实很简单：你先有一个梦想，然后努力经营自己的梦想，不管别人说什么，都不放弃。

人生有主见，青春不迷茫

比塞尔是西撒哈拉沙漠中的一颗明珠，每年都会有数以万计的旅游者来到这儿。可是在肯·莱文发现它之前，这里还是一个封闭落后的地方。这儿的人没有一个走出过大漠，据说，不是他们不愿离开这块贫瘠的土地，而是尝试过很多次都没能走出去。

肯·莱文当然不相信这种说法。他用手语向这儿的人问原因，结果每个人的回答都一样：从这儿无论向哪个方向走，最后还是转回到出发的地方。为了证实这种说法，他做了一次试验，从比塞尔村向北走，结果三天半就走了出来。

比塞尔人为什么走不出来呢？肯·莱文非常纳闷，最后只得雇一个比塞尔人，让他带路，看看到底是怎么回事。他们带了半个月的水，牵了两匹骆驼，肯·莱文收起指南针等现代设备，只拄一根木棍跟在后面。

十天过去了，他们走了大约 800 英里（1 英里＝1.6093 千米）的路程，第十一天早晨，果然又回到了比塞尔。

这一次，肯·莱文终于明白了，比塞尔人之所以走不出大漠，是因为他们根本就不认识北极星。在一望无际的沙漠里，一个人如果凭着感觉往前走，他会走出许多大小不一的圆圈，最后的足迹十有八九是一把卷尺的形状。比塞尔村处在浩瀚的沙漠中间，方圆上千公里没有一点参照物，若不认识北极星又没有指南针，想走出沙漠，确实是不可能的。

肯·莱文在离开比塞尔时，带了一位叫阿古特尔的青年，就是上次和他合作的人。他告诉这位汉子，只要你白天休息，夜晚朝着北极星走，就能走出沙漠。阿古特尔照着去做了，三天之后果然来到了大漠的边缘。阿古特尔因此成为比塞尔的开拓者，他的铜像被竖在小城的中央。铜像的底座上刻着一行字：新生活是从选定方向开始的。

新生活是从选定方向开始的，人生也同样如此。人生自然有自我存在的价值，选择一个目标，就等于明确了人生的方向，这样才不致迷失。

一个人如果没有自己的人生观，没有人生的方向，没有确定自己活着究竟要做一个什么样的人、做什么事，只是跟着环境在转，这就犯了庄子所说的“所存于己者未定”的毛病，那将是人生最悲哀的事。

一个辉煌的人生在很大程度上取决于人生的方向，个人的幸福生活也离不开方向的指引。确立人生的方向是人一生中最值得认真去做的事情。你不仅需要自我反省、向人请教“我是什么样的人”，还需要很清楚地知道“我究竟需要什么”，包括想成就什么样的事业、结交什么样的朋友、培养和保留什么样的兴趣爱好、过一种什么样的生活。这些选择虽是相对独立的，但却是在一个系统内，是呼应的，从而共同形成人生的方向。

摩西奶奶是美国弗吉尼亚州的一位农妇，76 岁时因关节炎放弃农活，这时她给了自己一个新的人生方向，开始学习她梦寐以求的绘画。80 岁时，她到纽约举办画展，引起了意外的轰动。她活了 101 岁，一生留下绘画作品 600 余幅，在生命的最后一年还画了 40 多幅。

不仅如此，摩西奶奶的行动也影响到了日本大作家渡边淳一。渡边淳一从小就喜欢文学，可是大学毕业后，他一直在一家医院里工作，这让他感到很别扭。马上就 30 岁了，他不知该不该放弃那份令人厌倦却收入稳定的工作，转而从事自己喜欢的写作。于是他给耳闻已久的摩西奶奶写了一封信，希望得到她的指点。摩西奶奶很感兴趣，当即给他寄了一张明信片，上面写了这么一句话:“做你喜欢做的事，上帝会高兴地帮你打开成功之门，哪怕你现在已经 80 岁了。”

人生是一段旅程，方向很重要。只有掌握了自己人生的方向，每个人才可以最大化地实现自己的价值。

找到人生方向的人是快乐的，他们的生活与他们所向往的人生方向是相一致的，这样的生活也让他们的生命更加有意义。

起点低不要紧，有想法就有成功的机会

不可否认，由于出生背景、受教育程度等各方面因素，每个人的起点难免有高低之分，但是起点高的人不一定能将高起点当作平台，走向更高的位置。起点低也不怕，心界决定一个人的世界，有想法才有地位。二十几岁的年轻人首先要渴望成功，才会有成

功的机会。

《庄子》开篇的文章是“小大之辩”。说北方有大海，海中有一条叫作鲲的大鱼，宽几千里，没有人知道它有多长。又有一只鸟，叫作鹏。它的背像泰山，翅膀像天边的云，飞起来，乘风直上九万里的高空，超绝云气，背负青天，飞往南海。蝉和斑鸠讥笑说：“我们愿意飞的时候就飞，碰到松树、檀树就停在上边；有时力气不够，飞不到树上，就落在地上，何必要高飞九万里，又何必飞到那遥远的南海呢？”

那些心中有着远大理想的人往往不能为常人所理解，就像目光短浅的麻雀无法理解大鹏鸟的志向，更无法想象大鹏鸟靠什么飞往遥远的南海。因而，像大鹏鸟这样的人必定要比常人忍受更多的艰难曲折，忍受更多的心灵上的寂寞与孤独。他们要更加坚强，并把这种坚强融入到自己的远大志向中去，这就铸成了坚强的信念。这些信念熔铸而成的理想将带给大鹏鸟一个伟大的心灵，而成功者正脱胎于这种伟大的心灵。尤其是起点低的人，更需要一份渴望成功的进取心。

“打工皇后”吴士宏是第一个成为跨国信息产业公司中国区总经理，也是唯一一个取得如此业绩的女性，她的传奇也在于她的起点之低——只有初中文凭和成人高考英语大专文凭。而她成功的秘诀就是：“没有一点雄心壮志的人，是肯定成不了什么大事的。”

吴士宏年轻时命途多舛，曾一度患过白血病，战胜病魔后她更加珍惜宝贵的生命。她仅仅凭着一台收音机，花了一年半时间就学完了《许国璋英语》三年的课程，并且在自学的高考英语专科毕业前夕，她以对事业的无比热情和非凡的勇气通过外企服务公司成功应聘到IBM公司，而在此前外企服务公司向IBM推荐的好多人都没有被聘用。她的信念就是：“绝不允许别人把我拦在任何门外！”

在IBM工作的最早的日子里，吴士宏扮演的是一个微不足道的角色，沏茶倒水，打扫卫生，完全是体力劳作。在那样一个纯高科技的工作环境中，由于学历低，她经常被无理非难。吴士宏暗暗发誓：“这种日子不会太久的，绝不允许别人把我拦在任何门外。”后来，吴士宏又对自己说：“有朝一日，我要有能力去管理公司里的任何人。”为此，她每天比别人多花6个小时用于工作和学习。经过艰辛的努力，吴士宏成为同一批聘用者中第一个做业务代表的人。继而，她又成为第一批本土经理，第一个IBM华南区的总经理。

在人才济济的IBM，吴士宏算得上是起点最低的员工了，但她十分“敢”想，想要“管理别人”。而一个人一旦拥有进取心，即使是最微弱的进取心，也会像一颗种子，经过培育和扶植，它就会茁壮成长，开花结果。

我们应该承认，教育是促使人获得成功的捷径。但吴士宏只有初中文凭和成人高考英语大专文凭，却依然取得了成功。我们这里所指的教育是传统意义上的学校教育，你不妨就把它通俗而简单地理解为文凭。一纸文凭好比一块最有力的敲门砖，可能会有很多人质疑这一点，但是如果你知道人事部经理怎样处理堆积成山的简历，你就会后悔当初没有上名牌大学了。他们会首先从学校中筛选，如果名牌大学应征者的其他条件都符合，他就不会再翻看其他的简历了。

但是，名牌大学就只有那么几所，独木桥实在难以通过。很多人在这一点上落后了不少，于是在真正踏上社会、走入职场时，就会有起点差异。不过值得庆幸的是，很多成功者都是从低起点开始做起的，他们之所以能在落后于人的情况下后来者居上，有进取心是不可缺少的一条。

上帝在所有生灵的耳边低语：“努力向前。”如果你发现自己在拒绝这种来自内心的召唤、这种催你奋进的声音，那可要引起注意了。当这个来自内心、催你上进的声音回响在你耳边时，你要注意聆听它，它是你最好的朋友，将指引你走向光明和快乐，将指引你到达成功的彼岸。

踩着别人的脚印，永远找不到自己的方向

聪明的人不喜欢单纯地模仿别人，他们总是会发现新的机遇和领域，并抢先占领这一领域。这个世界上充满了形形色色的追随者和模仿者，他们总是喜欢依照他人的足迹行走，沿着他人的思路思考。他们认为，走别人走过的路可以让自己省心省力，是走向成功、创造卓越人生的一条捷径。岂不知，“模仿乃是死，创造才是生”。

对任何人来说，模仿都是极愚拙的事，它是成功的劲敌。它会使你的心灵枯竭，没有动力；它会阻碍你取得成功，干扰你进一步地发展，拉大你与成功的距离。

没有一个人能依靠模仿他人去成就伟大的事业。所以，年轻人要想成功就要找准自己的方向，找到自己的目标，不能走别人走过的路。

有一位雄心勃勃的商人，听说外地招商引资，就“顺应潮流”

到该地投资了上千万。两年之后，他把所有的钱都亏掉了，最后空手而归。

朋友问他："你当初为什么要到那里去投资？"他说："那时候，很多同行都争先恐后地去了，大家都认为那里的投资条件优越，大有发展前途。如果不去的话，我担心会失去发展的机会。"

例子里的商人陷入了一个怪圈：别人都去做了，我必须赶快跟上。有这样一种说法，同样的一条新路，第一个走的是天才，第二个走的是庸才，第三个走的是蠢才。从中可见跟随者的悲哀。

成功只青睐主动寻找它的人。聪明的人都不随大流，眼光独到，另辟蹊径，在别人还"没睡醒"之前早已把赚来的钱塞进自己的口袋里了。

100 多年前，一位犹太人李维·斯特劳斯随着淘金人流来到美国加利福尼亚州。他看见这里的淘金者人如潮涌，就想靠做生意赚这些淘金者的钱。他开了间专营淘金用品的杂货店，经营镢头、做帐篷用的帆布等。

一天，有位顾客对他说："我们淘金者每天不停地挖，裤子损坏特别快，如果有一种结实耐磨的布料做成的裤子，一定会很受欢迎的。"

李维抓住顾客的这一需求，把他做帐篷的帆布加工成短裤出售，果然畅销，采购者蜂拥而来，李维靠此发了笔大财。

首战告捷，李维马不停蹄，继续研制。他细心观察矿工的生活和工作特点，千方百计地改进和提高产品质量，设法满足他们的需求。考虑到帮助矿工防止蚊虫叮咬，他将短裤改为长裤；又为了使裤袋不致在矿工把样品放进去时裂开，他特意将裤子臀部的口袋由缝制改为用金属钉钉牢；又在裤子的不同部位多加了两个口袋。这些点子都是在仔细观察淘金者的劳动和需求的过程中不断地捕捉到并加以实施的，这些改进使产品日益受到淘金者的欢迎，销路日广。

李维还利用各种媒介大力宣传牛仔裤的美观、舒适，是最佳装束，甚至把它说成是一种文化。这些铺天盖地的宣传，把牛仔裤“庸俗”“下流”的斥责打得大败而逃。于是，牛仔裤在社会上层也牢牢地站稳了脚跟，最终风靡全球。

走别人走过的路，将会迷失自己的方向，李维之所以能取得成功，就是因为他开拓了一条属于自己的路。

不论是工作上还是生活中，有不少年轻人都太习惯于走别人走过的路，他们偏执地认为走大多数人走过的路不会错；但是，他

们却往往忽略了最重要的事实，那就是，走别人没有走过的路往往更容易成功。

走别人没走过的路，虽然意味着你必须面对别人不曾面对的艰难险阻，吃别人没吃过的苦，但也唯有如此，你才能发现别人未曾发现的东西，到达别人无法企及的高度。

年轻人要知道，成功者之所以会取得惊人的成绩，正是由于他们不满足于走别人走过的路，而主动开发，想别人没想到的东西，也正是这一思路支持着他们一路走来，让自己跨越障碍直至成功。

只有了解自己需求的人，才能拥有真正的生活

人之一生，背负的东西太多太多，钱、权、名、利，都是我们想要的，一个也不想放下，压得我们喘不过气来。一生中我们拥有的内容太多太乱，我们的心思太复杂，我们的负荷太沉重，我们的烦恼太无尽，诱惑我们的事物太多，大大地妨碍我们，无形而深刻地损害我们。生命如舟，载不动太多的欲望，怎样才能使之在抵达彼岸时不在中途搁浅或沉没？我们该选择放下，丢掉一些不必要的包袱，那样我们的旅程也许会多一些从容与安康。

明白自己真正想要的东西是什么，并为之而奋斗，如此才不枉费这仅有一次的人生。英国哲学家伯兰特·罗素说过，动物只要吃得饱，不生病，便会觉得快乐了。人也该如此，但大多数人并不是这样。很多人忙碌于追逐事业上的成功而无暇顾及自己的生活。他们在永不停息的奔忙中忘记了生活的真正目的，忘记了什么是自己真正想要的。这样的人只会看到生活的烦琐与牵绊，

而看不到生活的简单和快乐。

我们的人生要有所获得，就不能让诱惑自己的东西太多，不能让努力的方向过于分散。我们要简化自己的人生，要学会有所放弃，要学习经常否定自己，把自己生活中和内心里的一些东西断然放弃掉。

仔细想想你的生活中有哪些诱惑因素，是什么一直干扰着你，让你的心灵不能安宁，又是什么让你坚持得太累，是什么在阻止着你的快乐。把这些让你不快乐的包袱通通扔掉。只有放弃我们人生田地和花园里的这些杂草害虫，我们才有机会同真正有益于自己的人和事亲近，才会获得适合自己的东西。我们才能在人生的土地上播下良种，致力于有价值的耕种，最终收获丰硕的粮食，在人生的花园采摘到鲜丽的花朵。

所以，仔细想想你在生活中真正想要什么？认真检查一下自己肩上背负的，看看有多少是我们实际上并不需要的，这个问题看起来很简单，但是意义深刻，它对成功目标的制订至关重要。

要得到生活中想要的一切，当然要靠努力和行动。但是，在开始行动之前，一定要搞清楚，什么才是自己真正想要的。要打发时间并不难，随便找点儿什么活动就可以应付，但是，如果这些活动的意义不是你的本意，那你的生活就失去了真正的意义。你能否提高自己的生活品质，并且使自己满足、有所成就，完全看你能否知道自己真正需要什么，然后能不能尽量满足这些需要。

生活中最困难的一个过程就是要搞清楚我们自己究竟想要什么。大多数人都不知道自己真正想要什么，因为我们不曾花时间来思考这个问题。面对五光十色的世界和各种各样的选择我们更不知所措，所以我们会不假思索地接受别人的期望来定义个人的需要和成功，社会标准变得比我们自己特有的需求还要重要。

我们总是太在意别人的看法，以致我们下意识地接受了别人强加于我们的种种动机，结果，努力过后才发现自己的需求一样都没能满足。更复杂的是，不仅别人的意见影响着我们的欲望，我们自己的欲望本身也是变幻莫测的。它们因为潜在的需要而形成，又因为不可知的力量日新月异。我们经常会得到过去十分想要的，而现在却不再需要的东西。

如果有什么原因使我们总是得不到自己想要得到的东西的话，那就是你并不清楚自己到底想要什么。在你决定自己想要什么、需要什么之前，不要轻易下结论，一定要先做一番心灵探索，真正地了解自己，把握自己的目标。只有这样，你才能在生活中满意地前进。

活出你自己的样子

潘杰客，一个有着传奇经历的成功男人，他的成功值得我们借鉴。

想当初，潘杰客的祖父和父亲都是著名的科学家，而他大学毕业后却在北京一个小小的施工队做预算员。不过 4 年后，他已经是国家建设部最年轻的中层领导。1988 年，近 30 岁的潘杰客来到美国，一切从送外卖、住地下室开始，6 年后，被哈佛、剑桥、耶鲁三所大学的管理学院同时录取，1997 年在哈佛完成学业后，前往欧洲，在上千名应聘者中，成为唯一被录用的德国奥迪汽车公司的高级经理，后来作为奥迪中国大区首席顾问回到中国，成功运作了奥迪 A6 在中国的上市。就在这能够让所有人艳羡的时候，他辞去了奥迪终身雇员的职务，加盟凤凰卫视，成为一个财经节目的主持人。而现在，他组建了自己的团队——泛华传播，致力于打造一档“国际的、最知名的、成功人士的、在中国有影响的脱口秀节目”。

上面所说已足以让人瞠目结舌，其实这还只是他跨国人生的一个小部分。用他的自己的话说就是——除了“变化”没有什么是永恒的。

但事实上，潘杰客真正吸引人的地方也许并不在于他的成功，而在于他的“失败”。

潘杰客在他哈佛大学入学论文的开篇写道：“人生舞台上的表演层出不穷、跌宕起伏，它们可以是喜剧、悲剧、哑剧、歌剧、音乐剧、交响乐，不一而足。而我们在生命的不同时期却以不同的角色出现——主角、配角、编剧、导演、灯光师，甚至观众。”

人生如戏，潘杰客为自己编写并导演了一出最跌宕起伏的大剧。

“人是不能低头的，一旦低头，就再也不可能骄傲了。因为一个行动养成一个习惯，低头一次，就会有第二次、第三次……”

“很多人问我，在最困难的关头，是什么力量支撑着我不倒下，挺过去，我的答案是‘心灵的骄傲’。在那种关键的时候，我不可能去考虑成功之后的鲜花与欢呼或失败者所将遭遇的冷遇和失落。我所想的是，我这个生命是否值得再为自己做下去？我通常会问自己：你能否超越自己？超越了就是成功——不是事情上的成功，而是心理上的成功。人在那种时刻，暴露出来的都是人性的弱点；我就是要战胜这种弱点。因为我追求的是心灵的纯粹和强大，一种心灵上的超我。”

“内心必须有一种渴求，你可以改变自己，还可以通过自己去改变别人，这个社会、这个世界就会因此而改变。要在最广泛的范围去影响他人，把社会向更合理的方向推进，这种合理应该为大多数人带来福利。这是个良好的愿望，为了这个愿望，要去做许多其他的事情，而这正是人生价值的体现，它带给我的满足是物质无法带来的。在心灵痛苦时，我常常会想，大千世界的痛苦又是多么的深厚。走这条路的人注定是孤独的，精神和灵魂像吉卜赛人一样在这个世界上流浪，如果这就是命运的话，我已做好准备并且毫不畏惧。”——这是一个理想主义者的自白，是一个勇敢者的宣言，是潘杰客不变的信念。这是一种怎样的超越，怎样的智慧？他是一个把目标与成功分得很清的人，成败得失已无关紧要，他追求的只是一个目标、一种执着、一份毅力。对一个人来说，可以没有成功，却不能没有目标。目标有时候很简单，却需要足够的信心与毅力去追求；成功有时候很遥远，却与目标只咫尺之隔。

真正的英雄主义只有一种，就是看清这个世界的本来面目，还依然去热爱它。作为一个自然人，潘杰客无疑非常伟大，这种伟大表现在他始终恪守着自己的原则，给高贵的心灵一个美丽的住所，哪怕是遭遇到最大的阻力，也要想办法抵达胜利的彼岸。

生命太短暂，岂能渺小度一生

有这样一个众所周知的寓言故事：

农夫拣到一枚鹰蛋，回家后放到了一个正在孵小鸡的母鸡的窝里。结果这枚鹰蛋被母鸡孵化成了一只雏鹰。这只雏鹰自以为也是一只小鸡，每天和小鸡生活在一起，做着与母鸡一样的事情，在垃圾堆里捉虫觅食，与小鸡一起嬉戏，有时也学母鸡一样咯咯地叫。

雏鹰渐渐长大，变成了一只小鹰，可它从来没有飞过几尺高，因为母鸡只能飞这么高。它完全认为自己就与母鸡一样。

一天，小鹰看见一只大鸟在万里碧空中展翅翱翔，就问母鸡："那种飞得好高的大鸟是什么？"

母鸡回答说："那是一只雄鹰，它是一种非常了不起的鸟。你不过是一只鸡，不能像它那样飞，认命吧。"于是，这只小鹰就接受了这种观点，也不尝试着去飞翔，也从来没想过与母鸡做不一样的事。

有一天，猎人经过这家农户，看见了这只小鹰。猎人说服农妇，用三只猎获的野兔换走了小鹰。猎人开始训练小鹰飞翔，可是小鹰飞不起来，准确地说，根本不敢飞。猎人没有灰心丧气，他带小鹰爬到一座高山顶上，对小鹰说："鹰呀鹰呀，你本属于蓝天，你是蓝天的主人，你怎么变得像你的食物——小鸡那样弱小呢？向高处看吧，那些在天空翱翔的雄鹰才是你的同伴。去找它们吧！"

猎人说着，撒手将小鹰抛向悬崖，小鹰呈直线坠落，就在即将落地的那一瞬间，小鹰"呀"的一声尖叫，振翅飞了起来，直冲云霄。

尽快离开你身旁那些不积极、没有目标、不求成功的平庸之辈，和优秀的人在一起吧，这样，你的潜能就会最大限度地被激发出来，你就会变得更加优秀，最后让优秀成为自己的一种习惯。

贝尔 28 岁时拜访了著名物理学家约瑟夫·亨利，谈论"多路电报"试验。亨利本来对此不感兴趣，但这回他强打起精神，去听贝尔的介绍，突然他敏锐地觉察到，这个年轻人在谈一个极有价值的现象。他热情地鼓励贝尔：“如果你觉得自己缺乏电学知识，那就去掌握它。你有发明的天分，好好干吧！”

后来，贝尔写信给父母，描述自己的感受：“我简直无法向你们描述这两句话是怎样地鼓舞了我……要知道在当时，对大多数人来说通过电报线传递声音无异于天方夜谭，根本不值得费时间去考虑。”

几年后，贝尔又说：“如果当初没有遇到约瑟夫·亨利，我也许发明不了电话。”

和积极的人在一起会让你更积极，和消极的人在一起会让你更消极。心态积极的人，他们会及时激励我们，而不是用消极的话来干扰我们的行动。要知道，当一个人在做一件犹豫不决的事时，需要的是积极的支持。与积极者在一起，我们会学着尝试。即使错了，起码也曾经尝试过，无怨无悔。没有人会百分之百成功，但没有尝试肯定不会成功。

《心灵鸡汤》的作者之一马克·汉森是一位畅销书作家，他的书在全世界已经销售几千万册。有一次，汉森在与成功学、激励学顶尖高手安东尼·罗宾斯同台演讲结束之后，私下请教罗宾斯，于是有了如下一段对话——

汉森问：“我们都在教别人成功，为什么我的年收入才100万美元，而你一年却能赚进1000万美元呢？”

罗宾斯没有直接回答汉森的问题，却反过来问汉森：“你每天跟谁混在一起？”

汉森说：“我每天都跟百万富翁在一起。”

罗宾斯听后笑了笑说：“我每天都跟千万富翁在一起。”

只有和比自己更成功的人在一起，和成功者合作，我们才会更成功。我们要想像雄鹰一样在空中翱翔，就得学会雄鹰飞翔的本领。如果我们结交有成就者，那我们更容易成为一个有成就的人。

假设有两种环境供你去选择：第一种环境你是最好的，你每月的收入800元，而别人都是200元；第二种环境你是最差的，别人都是百万富翁，你的资产只有20万，你愿意选择哪一种呢？要想成为什么样的人，你要选择跟什么样的人在一起，你要变得积极，你要与比你更积极的人在一起，你要永远寻找比你本身更好的环境。无论你是飞黄腾达，还是穷困潦倒，若你选择与比你优秀的人在一起，当你落败时，他会帮你检讨总结，为你加油鼓劲。

谨慎地选择那些我们愿意花时间交往的朋友，因为他们对我们的思想、人格，以及发生在我们身上的任何事情都会有影响。与生活态度积极的人在一起，与具有远见卓识的人在一起，与成功者在一起，他们的“花香”肯定会熏陶我们，这样我们才会嗅到更多的芬芳。

生命太短暂，我们不能在碌碌无为中渺小地度过一生。与优秀的人在一起，创造不平凡的人生，才是我们明智的选择。

你给自己的定位决定你的人生

给自己定好位了，人生就不会有那么多的烦恼，你的人生也将从此而精彩。

在水生动物中，螃蟹是横着走路的，河虾倒退着走路。它们怪异的行走方式引来了不少嘲笑和讥讽。一天，敏捷矫健的银鱼嘲笑说："螃蟹你真笨！横着走路！如果旁边有障碍物你怎么走啊？"聪明的章鱼也插嘴讥讽道："河虾更傻，向前走多顺啊，可它偏偏倒着走，何时才能到头啊？"螃蟹和河虾听见了，只是淡淡一笑。它们心里知道，选择什么样的行走方式，是根据自己的身体情况决定的。只要有自知之明，了解自己的特点，把握好方向和目标，给自己定好位，横着走或者倒着走，都是一种前进的姿态。

人最可贵的是有自知之明，即使这无助于发现真理，它至少也是一项生活准则。法国著名画家安格尔曾说过这么一句话："我在日常生活中严守着一个美好的准则：'贵有自知之明。'我是素以此来鞭策自己的。"

齐庄公乘车出游的时候，在路上看见一只小小的螳螂伸出前臂，准备去阻挡车子的前进，齐庄公不由得非常惊讶。车夫就告诉齐庄公："这种虫子凡是看到对手，就会伸出自己的前臂，想要抵挡对手的进攻，却往往没想过自己的力量有多大，所以经常被车轧死。"

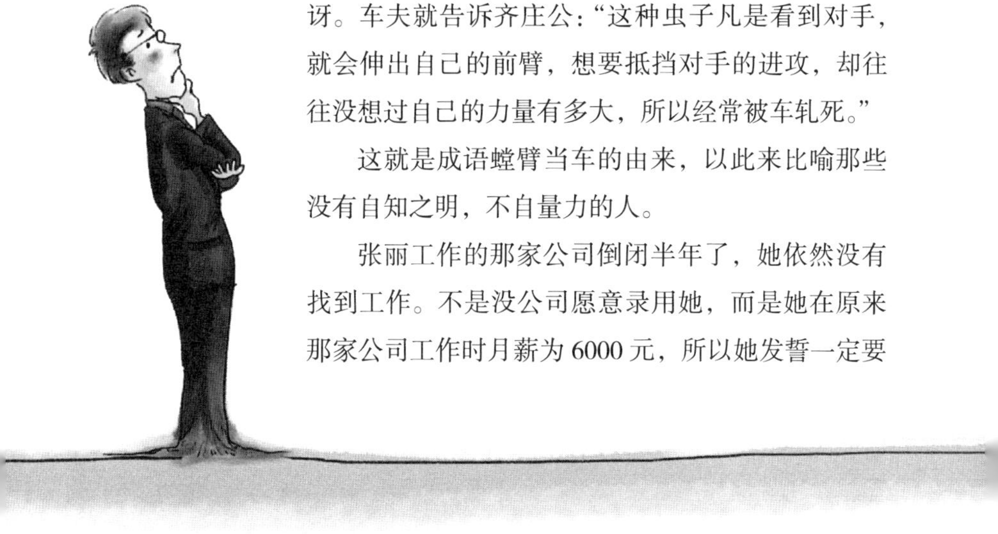

这就是成语螳臂当车的由来，以此来比喻那些没有自知之明，不自量力的人。

张丽工作的那家公司倒闭半年了，她依然没有找到工作。不是没公司愿意录用她，而是她在原来那家公司工作时月薪为6000元，所以她发誓一定要找一份月薪不低于6000元的工作。父亲得知她的想法，要她跟他一起去卖菜。

其他菜父亲卖的和别人一个价，而唯有白菜，人家卖5毛钱一斤，父亲非卖8毛钱一斤。父亲说自己的白菜是全市最好的，可一连几个人来问过价后都嫌贵。

她有点着急了，对父亲说：“我们也降为5毛钱一斤吧。”

父亲不同意，坚持道：“我们的白菜是整个菜市场里最好的，不愁没有人买。”

有个人来问价钱了，非常喜欢她家的白菜，但就是嫌贵。那人软磨硬泡，最后一跺脚狠狠心说：“7毛一斤，我都要了。”可父亲仍然一分钱也不让。

时间一分一秒过去了，市场内的菜价也在慢慢下跌。许多菜农的白菜大都卖完了，没有卖完的因是挑剩下的而卖到4毛钱一斤，但父亲却只降价到6毛钱一斤。她急了，建议父亲也卖4毛钱一斤，但父亲仍不同意，他仍坚持说自家的白菜是最好的。

中午过后，不能隔夜卖的白菜已被降价到了2毛一斤。黄昏时分，有的人干脆开始卖1元一大棵。而她家的白菜经过一天的日晒已经毫无优势可言，但父亲仍然坚持不降价。天快黑时，一个中年妇女过来问：“这堆白菜5块卖不卖？”看来不卖就只有拿回家自己吃了，于是父亲就卖了。

回家的路上，她埋怨父亲太固执，以至于白白浪费机

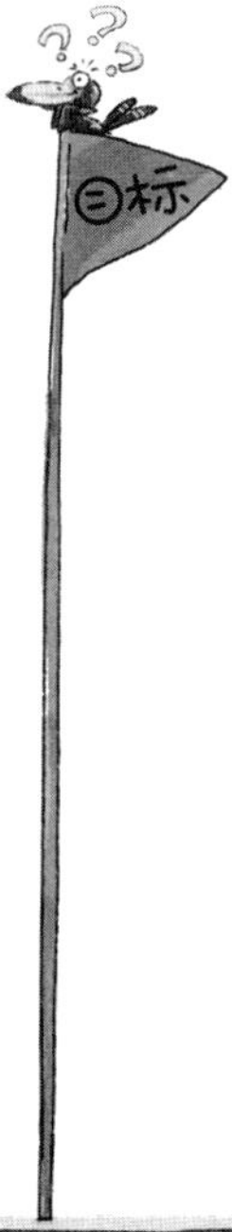

会，反而少卖了好多钱。父亲没有反驳，只是笑了笑，意味深长地说：“总以为早上能以8毛的价格把白菜卖掉，谁知越等越不值钱。”

她深深地被父亲的话触动了，心想：我不就是这样吗？于是第二天，她就到一家公司上班了，月薪1500元。

我们常常说的不能眼高手低，就是这个意思：不能将自己定位太过高于本身实际所处的位置。对本属于自己的位置不屑一顾，只会换来不断的碰壁。尤其在自己处于低谷的时候，更应该正确认识到自己所处的环境，正确估量自己，然后才能一步一个脚印地往上攀登。

是火柴你就发光，是轮胎你就奔跑，是音箱你就歌唱。每一样东西、每一个人都有自己的特点和使命。只有找准了自己的位置，人生才有成功的可能。

第二章

只要出发，就能到达

——你最大的失败不是跌倒，而是从来不敢奔跑

对成功要有强烈的企图心

你需要一个强有力的渴望，才能让你走上另一级台阶。

史蒂夫·乔布斯以1300美元起家，在不到5年的时间里，推出的苹果个人电脑席卷了全球。到1980年，年仅25岁的他已拥有数亿美元的个人资产，成了有史以来最年轻的白手起家的亿万富翁。

他被里根总统称赞为“美国青年心目中的英雄”。有人问他成功的秘诀是什么。他说：“我没有什么秘诀，我只是强烈要求自己去做自己想做的事情。”是的，强烈的企图心，让他成为美国人心目中的英雄。

乔布斯1955年2月24日出生于美国旧金山。他小时候淘气、聪明又好动。1961年，因工作需要，他们全家搬到地处硅谷的山景镇。从此，乔布斯就生活在这个充满着世界上最新科学技术与最先进的管理知识的环境里，耳濡目染中，他的性格也表现出硅谷人的特点——敢于创新、富于竞争和冒险精神。

有一天，邻居赖瑞带了一只原始的碳制麦克风回家，安上电池，接上喇叭，就可以发出声音。这可把乔布斯给迷住了，一个劲地向赖瑞问些奇怪的问题。赖瑞不胜其烦，干脆把麦克风送给他，让他自己去仔细研究。此后，乔布斯每天晚上都泡在家中，一点一滴地汲取有关电子的知识。

赖瑞见这个小家伙聪明好学，就推荐他参加惠普公司的“发现者俱乐部”。在这里乔布斯第一次见到了电脑。一见到电脑，乔布斯就迷上了它。那天晚上，俱乐部展示了一种新式桌上电脑，让大家玩。乔布斯一边玩，一边想着自己要有这么一台电脑该多好呀！

在一次同学聚会上，乔布斯与比他年长5岁的沃兹尼亚克认识了。沃兹尼亚克是学校电子俱乐部的会长，是个天才电子设计师。乔布斯与他一见如故。

乔布斯经沃兹尼亚克介绍加入了学校电子俱乐部，成了一名“电子迷”。高二时，他利用课余时间到一家名为哈尔德克的电子商店打工。

沃兹尼亚克在工作之余，整天都埋头于设计新型电脑，而乔布斯则更多地在思考如何在电脑上赚点钱。他们有一个共同的愿望，就是拥有一台自己的电脑。就是这个强烈的愿望，使他们推出了价廉物美的个人电脑。

这台电脑严格地讲只是装在木箱里的一块电路板，但有8K储存器，能显示高分辨率图形。虽然简单，却相当诱惑人，俱乐部成员纷纷提出要订购这种电脑。

1974年4月1日愚人节，乔布斯、沃兹尼亚克等人签署了一份协议，共同创办一家电脑公司。为了纪念乔布斯当年在苹果园打工的历史，公司取名苹果（Apple），标志是一个被咬了一口的苹果，因为“咬”（Bite）与“字节”（Byte）同音。他们生产的第一款电脑也就命名为“苹果1”（Apple1）。

因为强烈的企图心，从而成就了一位电脑巨子、世界超级富豪。

我们要有对成功的强烈渴望，要有“我一定要成功”的信念，而不是“我想成功”。企图心是一种一定要得到的心态，是一定要的决心。只要我们下定决心，并且为这个决心负责，为这个决心全力以赴，成功离我们就很近了。

梦想和现实之间，总有那么一段距离。如果总希望一觉醒来就能梦想成真，这无异于白日做梦。把梦想变成现实，就要从现在开始确定一个目标，有成功的强烈愿望，并靠坚定的信念去拼搏，这样才可能成为生活的幸运儿。

三百六十行，行行出状元。不管你以后要从事哪一行的工作，都要努力成为行业里出类拔萃的人。如果一个人对成功有强烈的企图心，想不成功都很难！

记住：目标 + 行动 + 企图心 = 成功。

没试过不要说不行

绝不放弃万分之一的可能，相信你终有一天会成功；轻易放弃一分希望，得到的将是失败。

迈克·兰顿生长在不正常的家庭里，父母关系紧张，在他小的时候，母亲经常闹着要自杀，当火气来时便抓起挂衣架追着他毒打。因为生活在这样的环境里，他自幼就有些畏怯且身体瘦弱。

迈克读高中一年级时的一天，体育老师带着他们班的同学到操场教他们如何掷标枪，而这一次上课改变了他后来的人生。在此之前，不管他做什么事都是畏畏缩缩的，对自己一点信心都没有，可是那天奇迹出现了，他奋力一掷，成绩远远超过其他同学，多出了足足有 30 英尺（约 9.14 米）。就在那一刻，迈克知道了自己的未来大有可为。在日后面对《生活》杂志的采访时，他回想道：“就在那一天我才突然意识到，原来我也有能比其他人做得更好的地方，当时便请求体育老师借给我这支标枪，在那年整个夏天里，我就在运动场上掷个不停。”

迈克发现了使他振奋的未来，而他也全力以赴，结果有了惊人的成绩。

那年暑假结束返校后，他的体格已有了很大的改变，而在随后的一整年中他特别加强重量训练，使自己的体能提升。在高三时的一次比赛中，他掷出了全美国中学生最好的标枪纪录，因而也使他赢得了体育奖学金。

有一次，他因锻炼过度而严重受伤，经检查后，必须永久退出田径场，这使他因此失去了体育奖学金。为了生计，他不得不到一家工厂去做卸货工人。

不知道是不是幸运之神的眷恋，有一天他的故事被好莱坞的星探所知，星探问他是否愿意在即将拍摄的一部电影《鸿运当头》中担任配角。迈克应允加入演出后从此就没有回头，先是演员，然后演而优则导，最后成为制片人，他的人生事业就此一路展开。一个美梦的破灭往往是另一个未来的开始，迈克原先有在田径场上发展的目标，而这个目标引导他锻炼强健的体格，后来的打击却又磨炼了他的性格，这两种训练未料却成了他另外一个事业所需的特长，使他有了更耀眼的人生。

没试过，就不要轻易否定自己；没试过，千万不要说自己不行。做什么事情，都要有尝试的勇气，都要勇于创造。迈克如果没投第一枪，在投了第一枪后如果没有勤奋地去努力，他是不会成功的。不轻易放弃哪怕一丁点的希望，去尝试，去发现自己的长处，相信人会越来越出色，因为这是一种精神，一种人生态度。

这是一个崇尚开拓创新的时代，人人都渴望能证实自我。正因为如此，我们更应该勇敢地去尝试。哪怕最后失败了也并不可怕，由于恐惧失败而畏缩不前才真正可怕。

要战胜自己，改变目前的状态，就不要放弃尝试各种可能。

也许，我们的人生旅途中沼泽遍布，荆棘丛生；也许，我们追求的风景总是山重水复，不见柳暗花明；也许，我们前行的步履总是沉重、蹒跚；也许，我们需要在黑暗中摸索很长时间，才能找寻到光明；也许，我们虔诚的信念会被世俗的尘雾缠绕，而不能自由翱翔……那么，我们为什么不可以勇敢、坚定而自信地对自己说一声“再试一次”，永不放弃万分之一的可能性？

很多人都听过美国民谣歌王卡罗·金的歌，为他温柔动人的嗓音所倾倒。但是有许多人不知道，卡罗·金原本是个钢琴手。有一天晚上，他在西岸俱乐部演出，主唱者在最后一分钟称病告假。俱乐部老板生气地大嚷：“没有演唱者，今天就不算工资！”从那晚开始，卡罗·金摇身一变成为歌手。

下一次别人问你会不会某事时，别急着说：“不会。”再仔细想想，或许你该试试看，也许你的某项天分就会被发掘出来。

再试一试，哪怕你已经经历了很多次失败，有什么要紧？再试一试，说不定，你的生活就此改变。所以，在关键时候，要告诉自己，再试一试。

永远坐在最前排，锻造一颗积极进取的心

20世纪30年代，英国一个不出名的小镇里，有一个叫玛格丽特的小姑娘，自小就受到严格的家庭教育。父亲经常对她说："孩子，永远都要坐在前排。"父亲极力向她灌输这样的观点：无论做什么事情都要力争一流，永远走在别人前头，而不能落后于人。"即使是坐公共汽车，你也要永远坐在前排。"父亲从来不允许她说"我不能"或者"太难了"之类的话。

对年幼的孩子来说，他的要求可能太高了，但他的教育在以后的年代里被证明是非常宝贵的。正是因为从小就受到父亲的"残酷"教育，才培养了玛格丽特积极向上的决心和信心。在以后的学习、生活和工作中，她时时牢记父亲的教导，总是抱着一往无前的精神和必胜的信念，尽自己最大努力克服一切困难，做好每一件事情，事事必争一流，以自己的行动实践着"永远坐在前排"。

玛格丽特在学校永远是最勤恳的学生，是学生中的佼佼者之一。她以出类拔萃的成绩顺利地升入当时像她那样出身的学生绝少能进入的文法中学。

在玛格丽特满17岁的时候，她明确了自己的人生追求——从政。然而，那个时候，进入英国政坛要有一定的党派背景。她出身保守党派氛围的家庭，但要想从政，还必须要有正式的保守党关系，而当时的牛津大学就是保守党员最大俱乐部所在地。由于她从小受化学老师的影响很大，同时想到大学学习化学专业的女孩子比其他任何学科都少得多，如果选择其他的某个文科专业，那竞争就会很激烈。

于是，一天，她终于勇敢地走进校长吉利斯小姐的办公室说：“校长，我想现在就去考牛津大学的萨默维尔学院。”

女校长难以置信，说：“什么？你是不是欠考虑？你现在连一节拉丁语课都没学过，怎么去考牛津？”

“拉丁语我可以自学掌握！”

“你才 17 岁，而且你还差一年才能毕业，你必须毕业后再考虑这件事。”

“我可以申请跳级！”

“绝对不可能，而且，我也不会同意。”

“你在阻挠我的理想！”玛格丽特头也不回地冲出校长办公室。

回家后她得到了父亲的支持，就开始了艰苦的复习备考工作。这样在她提前几个月获得了高年级学校的合格证书后，就参加了大学考试并如愿以偿地收到了牛津大学萨默维尔学院的入学通知书。玛格丽特离开家乡来到了牛津大学。

学校要求学 5 年的拉丁文课程。她凭着自己顽强的毅力和拼搏精神，硬是在 1 年内全部学完了，并取得了相当优异的考试成绩。其实，玛格丽特不光是学业上出类拔萃，她在体育、音乐、演讲及学校活动方面也都表现得很出色。所以，她的校长这样评价她：“她无疑是我们建校以来最优秀的学生之一，她总是雄心勃勃，每件事情都做得很出色。”

40 多年以后，这个当年对人生理想孜孜以求的姑娘终于如愿以偿，成为英国乃至整个欧洲政坛上一颗耀眼的明星，她就是连续 4 年当选保守党党魁，并于 1979 年成为英国

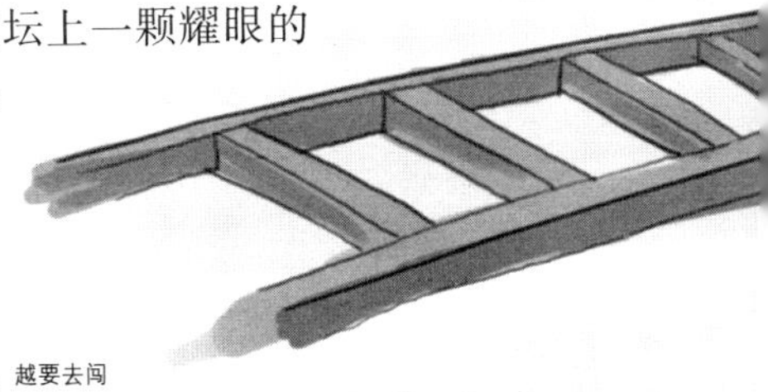

第一位女首相，雄踞政坛长达 11 年之久，被世界政坛誉为“铁娘子”的玛格丽特·撒切尔夫人。

人生就是一场战斗，想要快速通关就要奋力冲在最前线。

“永远坐在前排”，不仅可以激励我们追求成功的愿望，更重要的是，它还可以培养我们追求成功的信心和勇气。

信念是幸福人生的航道

唐代的百丈禅师，曾制定《百丈清规》，并笃实奉行，“一日不作，一日不食”，一面修行，一面劳作。他年老时仍然照常操作，弟子们于心不忍，偷偷地把他的农作工具藏匿起来。禅师找不到工具，那一天没工作，但是那一天他也就真的没吃东西。百丈禅师为何能精勤不休？是因为他的信念和抱负鞭策着他。

清末时，梨园中有“三怪”，声名远播。

跛子孟鸿寿，幼年身患软骨病，身长腿短，头大脚小，走起路来不能保持身体平衡。于是，他暗下决心，勤学苦练，扬长避短，后来一举成为丑角大师。

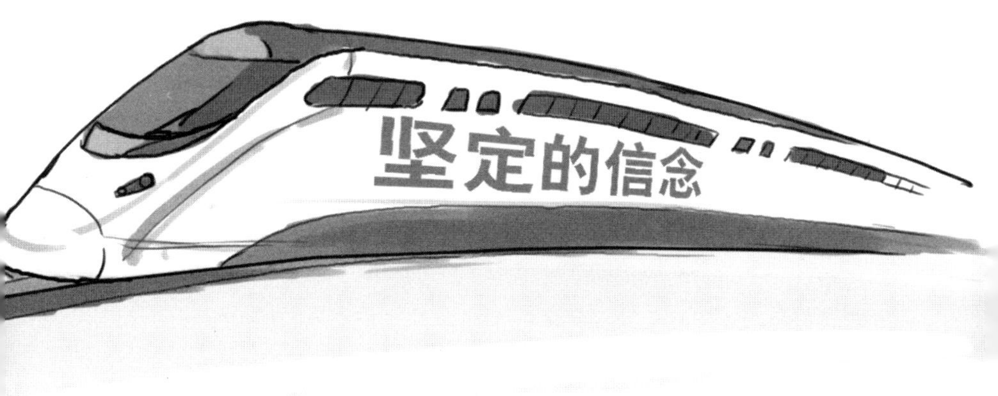

瞎子双阔，自小学戏，后来因疾失明，从此他更加勤奋学习，苦练基本功，他在台下走路时需人搀扶，可是上台表演却寸步不乱，演技超群，终于成为一名功深艺湛的武生。

哑巴王益芬，先天不会说话，平日看父母演戏，一一默记在心，虽无人教授，但他每天起早贪黑练功，常年不懈。艺学成后，一鸣惊人，成为戏园里有名的武花脸，被戏班奉为导师。

身有残疾的梨园三怪，为什么能够成才呢？一是他们不被自己的缺陷所压服，身残的压力让他们更加坚定了人生的信念。看似失败的人生，实际还有通向成功的途径。他们身残志坚、扬长避短，再加上勤奋，于是他们从勤奋中煅造了最好的自己，同时也成就了一番事业。

抱着坚定的信念，铁树也有可能开花。信念，为幸福人生指明了航道。

热忱源于信念

热忱并非上天赐予的，或外界强加于你的，它源于内心，源于信念。

热忱是坚定的信念在行动上的表现，是被称为燃烧的欲望的强烈情绪，是促使你将思想付诸行动的巨大力量。

在励志大师卡耐基的办公桌上，有一块牌子，他家的镜子上也吊着同样一块牌子。巧的是麦克阿瑟将军在南太平洋指挥盟军的时候，办公室墙上也挂着一块牌子，上面都写着同样的文字：

你有信仰就年轻，疑惑就年老；

有自信就年轻，畏惧就年老；

有希望就年轻，绝望就年老；

岁月使你皮肤起皱，但是失去了热忱，就损伤了灵魂。

这是对热忱最好的赞词。培养并发挥热忱的特性，我们就可以为我们所做的每件事情，加上火花和趣味。

IBM（国际商业机器公司）成为当今世界上最大的计算机制造公司的成功秘籍就是为顾客创造良好的售后服务条件。长期以来，该公司挑选了一批优秀的技术骨干，专门负责解决顾客的问题和疑难，而且向顾客许诺：服务会在顾客提出要求后的24小时之内完成。

有一次，一个使用IBM计算机的用户打来长途电话，请求该公司立即派人前去帮助修理计算机故障。可是这个用户地处偏远的山区，靠一般的交通工具需要花费两天的时间才能到达那里。为了及时帮助顾客排忧解难、维护公司的声誉，经过短时间的研究之后，该公司的维修人员毅然坐上了直升机，及时赶到了用户家里，而且对用户表示歉意，满怀热情地为用户顺利而及时地排除了故障，使这家客户大为感动。优质的产品及工作人员良好的工作热情，使IBM公司在世界计算机领域中独占鳌头。

一个热忱的人，无论是挖土，或者经营大公司，都会认为自己的事业是一项神圣的天职，并怀着深切的兴趣。对自己的事业热忱的人，不论遇到多少困难，或需要多少的努力，始终会不急不躁地进行。只要抱着这种态度，任何人都可能会成功，可能会达到目标。

一个没有热忱的人，不论有什么能力，都发挥不出来。热忱可以改变一个人对他人、工作以及对全世界的态度，热忱使人更热爱人生。

爱默生说：“有史以来，没有任何一件伟大的事业不是因为热忱而成功的。”事实上，这不是一句单纯的话，而是迈向成功之路的路标。

命运女神只垂青于执着地相信自己的人

一位经验丰富的农夫在自己的田里种黄豆，由于天气干旱和地鼠为患，他把种子埋得很深。

过了几天，农夫带着年仅6岁的儿子去查看，翻开土壤，他们发现很多种子都长出了长茎，顶上是两瓣黄黄的嫩芽，这柔弱的生命正在土壤的空隙中七弯八拐地往上生长着，很快将要破土而出。

儿子惊讶地问：“小苗长眼睛了吗？”

“没有。”

“那它怎么都知道要往上生长，而不往下长呢？”

“因为它要寻找太阳，没有阳光它们最终会死的。”

儿子又问农夫：“那么，如果我要是没有阳光会死吗？”

农夫告诉儿子：“孩子，你放心，对生活对自己有信心，就不会没有阳光的。”

如同种子一样，我们每一个人也应坚信：幸福的阳光就在自己的头顶上。

我们每个人都有140亿个脑细胞，每个人只用了心智能源的极小部分，若与人的潜力相比，我们只是半醒状态。正如美国诗人惠特曼在诗中所说：

我，我要比我想象的更大、更美
在我的，在我的体内
我竟不知道包含这么多美丽
这么多动人之处……

人是万物的灵长，是宇宙的主宰，我们每个人都具有发扬生命的本能。为“生命本能”效力的就是人体内的创造机能，它能创造人间的奇迹，也能创造一个最好的你。

一个人相信自己是什么，就会是什么。一个人心里怎样想，就会成为怎样的人。相信你是个强者，你就可能是个强者，我们每个人心里都有一幅“心理蓝图”或一幅自画像，有人称它为“自我心像”。自我心像有如电脑程序，直接影响它的运作结果。如果你的心想象的是做最好的你，那么你就会在你内心的“荧光屏”上看到一个踌躇满志、不断进取的自我。同时，还会经常收听到“我做得很好，我以后还会做得更好”之类的信息，这样你注定会成为一个最好的你。

相信自己，创造最好的“我”，幸福、成功将悄然而至。

“不可能”是机会的代名词

一个信念可以造就一段传奇，一个信念可以把常人眼中的“不可能”变为“可能”。

1485 年 5 月，哥伦布到西班牙游说：“我从这儿向西也能到达东方，只要你们拿出钱来资助我。”当时，没有一个人阻止他，也没有人刺杀他，因为当时的人认为，从西班牙向西航行，不出500海里（926千米），就会掉进无尽的深渊；到达富庶的东方，是绝对不可能的。

他的第一次航行成功了，不料，在他第二次去的时候，不仅遇到了空前的阻力，而且还有人在大西洋上拦截，并企图暗杀他。至于原因，非常简单，因为沿这条航线绝对能够到达富庶的东方，他再去一回，那儿的黄金、玛瑙、翡翠、玉石、皮毛、香料，就会使他富比王侯，不可一世。

在法国，一位小男孩创办了一个专门提供玩具信息的网站。当时，没有一个人把他放在眼里，没有一家同类的公司与之为敌，也没有哪家行业会来找他签订行业约束条款。他们认为，那个网站只是一个孩子的游戏，成不了什么气候。谁知，结果却出人意料，这个小男孩不仅把网站做大了，而且在他十几岁时，就通过广告收入，成了法国最年轻的百万富翁。

可见，“不可能”的另一面，即为“机会”。

因为不可能，必然谁也不去关注，谁也不对其设防；再者，不可能实现的事，一般都没有竞争对手，所以第一个去做的人更容易成功。另外，一般人认为不可能的事，肯定是十分困难，甚至是难以想象的事。因为太难，所以畏难；因为畏难，所以根本不去问津。不但自己不去问津，甚至认为别人也不会问津。可以说，世界上真正的大业，都是在别人认为不可能的情况下完成的。在人类一步步从过去走向未来的过程中，不可能的事，一件都还没有发现。

唯有信念坚定的强者，最爱人们眼中的“不可能”，因为其中潜藏着无数的机遇。

远大的目标是成功的磁石

理想是人的追求，什么样的理想，将决定你成为什么样的人。

美国哈佛大学对一批大学毕业生进行了一次关于人生目标的调查，结果如下：

27%的人，没有目标；60%的人，目标模糊；10%的人，有清晰而短期的目标；3%的人，有清晰而长远的目标。

25年后，哈佛大学再次对这批学生进行了跟踪调查，结果是：

那3%的人，25年间始终朝着一个目标不断努力，几乎都成为成功人士、行业领袖和社会精英；10%的人，他们的短期目标不断实现，成为各个领域中的专业人士，大都属于社会中上层；60%的人，他们过着安稳的生活，也有着稳定的工作，却没有什么特别的成绩，几乎都属于社会的中下层；剩下27%的人，生活没有目标，并且还抱怨他人，抱怨社会不给他们机会。

要成功就要设定目标，没有目标是不会成功的。目标就是方向，就是成功的彼岸，就是生命的价值和使命。

2001年的亚洲首富孙正义，23岁那一年得了肝病，在医院住院期间，他读了400本书，平均每年读了200本书。他大量地阅读，大量地学习。

在出院之后，他写了40种行业规划，但最后选择了软件业。事实上，他的选择是对的，软件行业使他成为了亚洲首富。

选好行业之后，他开始创业。创业初期，条件艰苦，他的办公桌是用苹果箱拼凑而成的。他招聘了两名员工。有一次，他和两名员工一起分享他的梦想，他说："我25年后要赚100兆日币，成为亚洲首富。”这是孙正义的梦想，但在两名员工看来却是件不可思议的事情。他们对孙正义说：“老板，请允许我们辞职，因为我们不想和一位疯子一起工作。”

事实上，孙正义的梦想实现了，他成了亚洲首富。

“志当存高远”，是我国三国时期的著名政治家和军事家诸葛亮的一句名言。诸葛亮在青年时代就具备了远大的志向，在未出茅庐时就自比管仲、乐毅，就想干一番大事业。远大的志向加上良好的机遇，使他成就了一番伟业。

做高尚的梦，并且飞向你的梦想。你的梦想预示着未来你会成为什么样。你的理想是未来的预兆。只要你对自己诚实，对自己的理想诚实，最终你梦想的世界就有可能变成现实。

你的环境也许并不舒适，但只要你怀有理想，并为实现它而奋斗，那么，你的环境会很快改变。詹姆斯·E.艾伦说过，最伟大的成就在最初的时候是一个梦。橡树沉睡在果壳里，小鸟在蛋里等待，在一个灵魂最美丽的梦想里，一个慢慢苏醒的天使开始行动。梦想，是现实的情侣。

谚语云：如果你只想种植几天，就种花；如果你只想种植几年，就种树；如果你想流传千秋万世，就种植观念！

一位美国的心理学家发现，在为老年人开办的疗养院里，有一种现象非常有趣：每当节假日或一些特殊的日子，像结婚周年纪念日、生日等来临的时候，死亡率就会降低。他们中有许多人为自己立下一个目标：要再多过一个圣诞节、一个纪念日、一个国庆日等等。等这些日子一过，心中的目标、愿望已经实现，继续活下去的意志就变得微弱了，死亡率便立刻升高。生命是可贵的，并且只有在它还有一些价值的时候去做应该做的事，去实现自己的目标，人生才会有意义。

要攀到人生山峰的更高点，当然必须要有实际行动，但是首要的是找到自己的方向和目标。如果没有明确的目标，更高处只是空中楼阁，望不见更不可即。如果我们想要使生活有所改变，首先要设定一个目标。只有设定了目标，人生之旅才会有方向、有进步、有终点、有满足。

让我们为自己找一个梦想，树立一个目标吧，因为人生因梦想而伟大！

梦想是所有成就的出发点，很多人之所以失败，就在于他们从来都没有梦想，并且也从来没有踏出他们的第一步。

拥有希望，就拥有创造奇迹的力量

美国作家欧·亨利在他的小说《最后一片叶子》里讲了个故事：

病房里，一个生命垂危的病人从房间里看见窗外一棵树上的叶子，在秋风中一片片地掉落下来。病人望着眼前的萧萧落叶，身体也随之每况愈下，一天不如一天。她说：“当树叶全部掉光时，我也就要死了。”一位老画家得知后，用彩笔画了一片叶脉青翠的树叶挂在树枝上。最后一片“叶子”始终没掉下来。

只因为生命中的这片绿，病人竟奇迹般地活了下来。

人生可以失去很多东西，却绝不能失去希望。只要心存希望，总有奇迹发生，希望虽然渺茫，但它永存人间。所以，当你遇到困境的时候，你一定要相信你自己，给自己希望，才能柳暗花明，走出困境。

一个俄国人做过一个试验：将两只大白鼠丢入一个装了水的器皿中，它们拼命地挣扎求生，结果只维持了 8 分钟左右。然后，在同样的器皿中放入另外两只大白鼠，在它们挣扎了 5 分钟左右的时候，放入一个可以让它们爬出器皿外的跳板，这两只大白鼠得以活下来。若干天以后，再将这对大难不死的大白鼠放入器皿中，结果真的有些令人吃惊：两只大白鼠竟然可以坚持 24 分钟，是一般情况下能够坚持时间的三倍。

这位俄国的心理学家总结说，前面两只大白鼠，没有任何逃生经验，只能凭自己本来的体力挣扎求生；而有逃生经验的大白鼠却多了一种精神的力量，它们相信在某一个时候，一个跳板会救它们出去，这使得它们能够坚持更长的时间。这种精神力量，就是希望。

那个试验还没有完。有人想着那两只大白鼠，总觉得不是滋味，就略带反感地对那位心理学家说："有希望又怎么样，那两只大白鼠最后还不是死了。"心理学家出人意料地回答说："没有死，在第 24 分钟时，我看它们实在不行了，就把它们捞上来了。有积极心态的大白鼠更有价值，更值得活下去；我们人类应该尊重一切希望，哪怕是一只大白鼠内心的希望。”

这个实验虽然残酷了一点，但给人很大的教益。我们不必做那样的试验就可以知道，在艰难困苦之中，心中有希望和心中没有希望，对我们的行为会有完全不同的影响，结果当然也就完全不一样了。大白鼠的希望，是人给它们的；而我们人类自己，在任何时候、任何地点、任何困难的情况下，都能够自己给自己希望。希望是一种伟大的力量。在很多情况下，希望的力量比知识的力量更强大。因为只有在有希望的前提下，知识才能被更好地利用。所以，一个人，即使他一无所有，只要他有希望，他就可能拥有一切；而一个人即使拥有一切，心中没有希望，那就可能丧失他已经拥有的一切。

漫漫人生，难免会遇到荆棘和坎坷，但风雨过后，一定会有美丽的彩虹。所以，你在任何时候都要抱有乐观的心态，都不要丧失希望。要知道，失败不是生活的全部，挫折只是人生的插曲。虽然机遇总是飘忽不定，但只要你坚持，保持乐观，你就能永远拥有希望。即使一生不如意，但有希望相伴也是幸福的。

有时候，创造奇迹的不是巨人，而是心中埋藏的希望。

你需要奔跑的最重要理由，就是为了自己的幸福

有些人打牌，总想着等到合适的时候再出好牌，但却发现与事实屡屡不符，等到别人都出完手中的牌了，才发现自己的好牌都攥在手里，没派上用场。

一位成功学大师这样评价行动和知识：行动才是力量，知识只是潜在的能量；不积极行动，知识将毫无用处。要克服任何障碍，都离不开行动，也只有行动才能够让梦想照进现实。

从前，有两个朋友，相约一起去遥远的地方寻找人生的幸福和快乐。他们一路上风餐露宿，在即将到达目的地的时候，遇到了一条风急浪高的大河，而河的彼岸就是幸福和快乐的天堂。关于如何渡过这条河，两个人产生了不同的意见，一个建议采伐附近的树木造一条木船渡过河去，另一个则认为无论哪种办法都不可能渡得了这条河，与其自寻烦恼和死路，不如等这条河流干了，再轻轻松松地过去。

于是，建议造船的人每天砍伐树木，辛苦而积极地制造船只，并顺带着学会了游泳；而另一个则每天躺着休息睡觉，然后到河边观察河水流干了没有。直到有一天，已经造好船的朋友准备扬帆的时候，另一个朋友还在讥笑他的愚蠢。

不过，造船的朋友并不生气，临走前只对他的朋友说了一句话：“去做一件事不一定都成功，但不去做则一定没有机会成功！”

能想到等到河水流干了再过河，这确实是一个“伟大”的创意，可惜的是，这仅仅是个注定失败的“伟大”创意而已。

这条大河终究没有干枯掉，而那位造船的朋友经过一番风浪也最终到达了彼岸。

只有行动才会产生结果，行动是成功的保证。任何伟大的目标、伟大的计划，最终必然要落实到行动上。不肯行动的人只是在做白日梦，这种人不是懒汉就是懦夫，他们终将一事无成。

古希腊有句格言讲得好：“要种树，最好的时间是10年前，其次是现在。”同样，要成为赢家，最好的时间是3年前，其次是现在。

要成为人生牌局的赢家，就应该尽早地迈出自己的第一步。

20世纪70年代的一天，史蒂夫·乔布斯和斯蒂夫·沃兹尼亚克卖掉了一辆老掉牙的大众牌汽车，得到了1300美元。对于斯蒂夫·乔布斯和斯蒂夫·沃兹尼亚克这两个正准备开一家公司的人来说，这点钱甚至无法支付办公室的租金，而且他们所要面对的竞争对手是国际商业机器公司（IBM）——一个财大气粗的巨无霸。租不起办公室，他们就在一个车库里安营扎寨。然而正是在这样一个条件极差的车库里，苹果电脑诞生了，一个电脑业的巨子迈出了第一步。也正是这个从车库诞生的苹果电脑，成功地从IBM手里抢走了荣耀和财富。如果当初这两位青年因为怕遇到很多的困难而不动手行动的话，那么恐怕就没有今天的苹果电脑了吧。

而惠普电脑的诞生与苹果电脑的诞生如出一辙。1938年，两位斯坦福大学的毕业生惠尔特和普克德，在寻找工作的过程中尝尽了求助他人谋生的艰辛，同时他们还看到了许多人因为找不到工作而陷入困境的惨状，于是他们决定摆脱受雇于人的想法，合伙开创自己的事业。两个一无所有的穷光蛋，总共才凑了538美元，他们有的只是想法和决心。但是，他们并没有停止或等待，在加州的一间车库里，他们办起了一家公司——惠普公司。经过艰苦创业，惠普公司现在是全球最重要的电子元器件、配套设备供应商之一，总资产达300多亿美元。

可能每个人都会有很多的想法，有不少的想法甚至可以说是绝妙的。但是假若有这些想法而不去付诸实践，那它们永远也只是空想而已。不论你自己想得有多美，重要的是去做！没有人会嘲笑一个学步的婴儿，尽管他的步子趔趄、姿势难看，有时还会摔倒。

我们之所以难以将想法付诸实践，是因为当我们每一次准备搏一搏时，总有一些意外事件使我们停止，例如资金不够、经济不景气、新婴儿的诞生、对目前工作的一时留恋等种种限制以及许许多多数不完的借口，这些都成为我们拖拖拉拉的理由。我们总是想等着一切都十全十美的时候再行动，但事实总会和愿望不太相符，于是我们的计划不会有开始动手的那一天，只是变成了空想。

面对人生的众多机遇，我们看见了，也心动了，但是自己却没有付诸行动，眼看着机会从自己的身边溜走，到头来只能恨自己没有胆量。

安妮是一个可爱的小姑娘，可她有一个坏习惯，那就是她每做一件事，总爱让计划停留在口头上，而不是马上行动。

和安妮住在同一个村子里的詹姆森先生有一家水果店，里面出售本地产的草莓之类的水果。一天，詹姆森先生对安妮说："你想挣点钱吗？"

"当然想。"她回答，"我一直想买一双新鞋，可家里买不起。"

"好的，安妮。"詹姆森先生说，"隔壁卡尔森太太家的牧场里有很多长势很好的黑草莓，她允许所有人去摘。你摘了以后把它们都卖给我，1 公斤我给你 13 美分。"

安妮听到可以挣钱，非常高兴。于是她迅速跑回家，拿上一个篮子，准备马上就去摘草莓。但这时她不由自主地想到，要先算一下采 5 公斤草莓可以挣多少钱。于是她拿出一支笔和一块小木板计算起来，计算的结果是 65 美分。

“要是能采 12 公斤呢？那我又能赚多少呢？”

“上帝呀！”她得出答案，“我能得到 1 美元 56 美分呢！”

安妮接着算下去，要是她采了 50、100、200 公斤詹姆森先生会给她多少钱。算来算去，已经到了中午吃饭的时间，她只得下午再去采草莓了。

安妮吃过午饭后，急急忙忙地拿起篮子向牧场赶去。而许多男孩子在午饭前就赶到了那儿，他们快把好的草莓都摘光了。可怜的小安妮最终只采到了 1 公斤草莓。

回家途中，安妮想起了老师常说的话：“办事得尽早着手，因为一个实干者胜过 100 个空想家。”

成功在于计划，更在于行动。目标再大，如果不去落实，也永远只能是空想。所以当你心动的时候，就应当尽快地将它付诸行动，这样才能够更好地把握住机遇。

在一次行动力研习会上，培训师说：“现在我请各位一起来做一个游戏，大家必须用心投入，并且采取行动。”他从钱包里掏出一张面值 100 元的人民币，他说：“现在有谁愿意拿 50 元来换这张 100 元的人民币？”他说了几次，都没有人行动，最后终于有一个人走向讲台，但他仍然用一种怀疑的眼光看着培训师和那一张人民币，不敢行动。那位培训师提醒说：“要配合，要参与，要行动。”那个人才采取行动，换回了那 100 元，那位勇敢的参与者立刻赚了 50 元。最后，培训师说：“凡事马上行动，立刻行动，你的人生才会不一样。”

现实生活中，我们往往在心动的时候会考虑到很多因素，会想这能实现吗？会想到诸多的困难阻扰，会想到自己力量的薄弱等。但是为什么不去试试呢？很多时候，我们缺少的是将心动变成行动的胆量。

人生就是这样，再美好的梦想，离开了行动就会变成空想；再完美的计划，离开了行动也会失去意义。我们要实现自己的理想，就应当注重行动，在行动中实现自己的梦想。

古语说得好：“千里之行，始于足下。”你可能曾经看过某些人在接近人生旅程的尽头时，回顾一生时说：“如果我能有不同的做法……如果我能在机会降临时好好地利用……”这些未能得到满足的生命，只是充塞着数不清的“如果……”他们的生命在真正起步之前就已经结束了。

只有行动才能让计划成为现实，这是千年不变的真理。如果你想改变你的现状，那就赶快行动吧！

如果不得不跪在地上，那我们就用双膝奔跑

成长其实就是不断战胜挫折的一个过程。经历过挫折的生命，便是那绚丽无比的彩虹。

城里的儿子回农村老家，发现自家玉米地里玉米长得很矮，地已干旱，可周围其他地里的苗子已长得很高。当儿子买了化肥、挑起粪桶准备浇地时，却被父亲阻止了。父亲说，这叫控苗。玉米才发芽的时候，要旱上一段时间，让它深扎根，以后才能长得旺，才能抵御大风大雨。过了个把月，一个狂风骤雨的日子，儿子果然看到除了自家地里的玉米安然无恙外，别人都在地里扶刮倒了的玉米。

种玉米的故事，似乎亦告诉我们同样的人生道理：年轻时苦一点，受一点挫折，没关系，它只会让人多一点阅历，长一点见

识，并因此而坚强起来，因此而获取成功。

在生活中，挫折是不可避免的。但是，只要我们正确地看待挫折，敢于面对挫折，在挫折面前无所谓惧，克服自身的缺点，在困难面前不低头，那么，顽强的精神力量就可以征服一切。不是吗？曾任美国总统的林肯一生中就遭遇过无数次失败和打击，然而他英勇卓绝，败而不馁，不正是因为这惊人的顽强毅力才使他走上光辉大道吗？

不经历风雨，怎能见彩虹。的确，人生需要挫折。当挫折向你微笑，此刻你就会明白：挫折孕育着成功。

有一位穷困潦倒的年轻人，身上全部的钱加起来也不够买一件像样的西服。但他仍全心全意地坚持着自己心中的梦想——他想做演员，当电影明星。

好莱坞当时共有500家电影公司，他根据自己仔细划定的路线与排列好的名单顺序，带着为自己量身定做的剧本一一前去拜访。但第一遍拜访下来，500家电影公司没有一家愿意聘用他。

面对无情的拒绝，他没有灰心，从最后一家电影公司出来之后不久，他就又从第一家开始了他的第二轮拜访与自我推荐。

第二轮拜访也以失败而告终。第三轮的拜访结果仍与第二轮相同。

但这位年轻人没有放弃，不久后又咬牙开始了他的第四轮拜访。当拜访第350家电影公司时，这里的老板竟破天荒地答应让他留下剧本先看一看。他欣喜若狂。

几天后，他获得通知，请他前去详细商谈。就在这次商谈中，这家公司决定投资开拍这部电影，并请他担任自己所写剧本中的男主角。

不久这部电影问世了，名叫《洛奇》。这个年轻人就是好莱坞著名演员史泰龙。

面对 1850 次的拒绝，所需要的勇气是我们难以想象的。但正是这种勇敢，这种不轻言放弃的精神，这种对自己理想的执着追求，让故事中的年轻人的梦想得到了实现。在我们实现梦想的路途中，也会不可避免地遭遇到种种挫折，让我们用执着为自己导航，坚定地树起乘风破浪的风帆，坚信终有一天成功的海岸线会在我们眼里出现。

挫折是一座大山，想看到大海就得爬过它；挫折是一片沙漠，想见到绿洲就得走出它；挫折还是一道海峡，想见到大陆就得游过它。

挫折是可怕的，但却是人生，是成长不可缺少的基石。

挫折会给人带来伤害，但它还给我们带来了成长的经验。被开水烫过的小孩子是绝不会再将稚嫩的小手伸进开水里的。即使他再顽皮，他也会记得开水带来的伤痛。被刀子割破了手指的小孩子是绝不会再肆无忌惮地拿着刀子玩耍的，因为他知道刀子很危险。孩子们经历了挫折，但他们换来了成长的经验。这不正是我们所说的“坏事变好事”吗？

有位名人说过：“勇者视挫折为走向成功的阶梯，弱者视之为绊脚石。”上天之所以要制造这么多的挫折，就是为了让你在挫折中成长。当你战胜种种挫折，蓦然回首时，你就会惊喜地发现，你成熟了。

真正的强者，不是没有眼泪的人，而是含着眼泪奔跑的人

人生常常浸泡在痛与苦中。一次次心痛，一道道伤痕，一遍遍泪水，洗不去人生的尘埃，抹杀不了命运中的艰辛。何必跟自己过不去，放平自己的心，搁浅自己的梦，把希望打折，把生命烘干，学会在艰难的日子里苦中寻乐！

然而，尼采却说："人生就是一场苦难。"的确，谁都无法让我们"心想事成，无忧无虑"地过一辈子，唯有"把黄连当哨吹——苦中作乐"，才能战胜忧愁，享受快乐。

戴维是饭店经理，他的心情总是很好。当有人问他近况如何时，他回答："我快乐无比。"

如果哪位同事心情不好，他就会告诉对方怎么去看事物好的一面。他说："每天早上，我一醒来就对自己说，戴维，你今天有两种选择，你可以选择心情愉快，也可以选择心情不好，我选择心情愉快。每次有坏事发生，我可以选择成为一个受害者，也可以先去面对各种处境。归根结底，你自己选择如何面对人生。"

有一天，戴维被三个持枪的歹徒拦住了。歹徒朝他开了枪。

幸运的是发现较早，戴维被送进急诊室。经过18个小时的抢救和几个星期的精心治疗，戴维出院了，只是仍有小部分弹片留在他体内。

6个月后，戴维的一位朋友见到他。朋友问他近况如何，他说："我快乐无比。想不想看看我的伤疤？"朋友看了伤疤，然后问他当时想了些什么。戴维答道："当我躺在地上时，我对自己说有两个选择：一是死，一是活。我选择活。医护人员都很

好，他们告诉我，我不会死的。但在他们把我推进急诊室后，我从他们的眼神中读到了‘他是个死人’。我知道我需要采取一些行动。”“那么，你采取了什么行动？”朋友问。

戴维说：“有个护士大声问我对什么东西过敏。我马上答道：‘有的。’这时所有的医生、护士都停下来等我说下去。我深深吸了一口气，然后大声吼道：‘子弹！’在一片大笑声中，我又说道：‘请把我当活人来医，而不是死人。’”戴维就这样活下来了。

英国作家萨克雷有句名言：“生活是一面镜子，你对它笑，它就对你笑；你对它哭，它也对你哭。”如果你把自己看成弱者、失败者，你将郁郁寡欢；如果你将自己看成强者，你将快乐无比。你可以快乐，只要你希望自己快乐。

古人讲：“不知生，焉知死？”不知苦痛，怎能体会到快乐？痛苦就像一枚青青的橄榄，品尝后才知其甘甜。品尝橄榄容易，品尝生活中的痛苦，这需要勇气！

第三章

相信自己能飞翔，才能拥有翅膀

——人生定可以你之名，绽放光芒

你是独一无二的，要告诉世界“我很重要”

多年以来，个人总是被否定的那一个：面对集体，我不重要，为了集体的利益，我应该把自己个人的利益放在一边；面对他人，我不重要，为了他人能获得开心，只能牺牲我自己的开心；面对我自己，我也不重要，这个世界上，少了我就如同少了一只蚂蚁，没有分量的我，又有什么重要？但是，作为独一无二的“我”，真的不重要吗？不，绝不是这样，“我”很重要。

当我们对自己说出“我很重要”这句话的时候，“我”的心灵一下子充盈了。是的，“我”很重要。

“我”是由无数日月星辰草木山川的精华汇聚而成的。只要计算一下我们一生吃进去多少谷物，饮下了多少清水，才凝聚成这么一具完美无缺的躯体，我们一定会为那数字的庞大而惊讶。世界付出了这么多才塑造了这么一个“我”，难道“我”不重要吗？

你所做的事，别人不一定做得来；而且，你之所以为你，必定是有一些相当特殊的地方——我们姑且称之为特质吧！而这些特质又是别人无法模仿的。

既然别人无法完全模仿你，也不一定做得来你能做得了的事，试想，他们怎么可能给你更好的意见？他们又怎能取代你的位置，来替你做些什么呢？所以，这时你不相信自己，又有谁可以相信？

况且，每个来到这个世上的人，都有着与众不同的特质，所以每个人都会以独特的方式来与他人互动，进而感动别人。要是你不相信的话，不妨想想：有谁的基因会和你完全相同？有谁的个性会和你丝毫不差？

由此，我们相信：你有权活在这世上，而你存在于这世上的目的，是别人无法取代的。

不过，有时候别人（或者是整个大环境）会怀疑我们的价值，时间一长，连我们自己都会对自己的重要性感到怀疑。请你千万千万不要让这类事情发生在你身上，否则你会一辈子都无法抬起头来。

记住！你有权利去相信自己很重要。

“我很重要。没有人能替代我，就像我不能替代别人。我很重要。”

生活就是这样的，无论是有意还是无意，我们都要发挥出对自己的信心。不要总是拿自己的短处去对比人家的长处，却忽视了自己也有人所不及的地方。自卑是心灵的腐蚀剂，自信却是心灵的发电机。所以我们无论身处何境，都不要让自卑的冰雪侵占心灵，而应燃烧自信的火炬，始终相信自己是最优秀的，这样才能调动生命的潜能，去创造无限美好。

也许我们的地位卑微，也许我们的身份渺小，但这丝毫不意味着我们不重要。重要并不是伟大的同义词，它是心灵对生命的允诺。人们常常从成就事业的角度，断定自己是否重要。但这并不应该成为标准，只要我们在时刻努力着，在为光明奋斗着，我们就是无比重要地存在着，不可替代地存在着。

让我们昂起头，对着我们这颗美丽的星球上无数的生灵，响亮地宣布：我很重要。

面对这么重要的自己，我们有什么理由不去爱自己呢！

张扬个性，“秀”出自己才有机会

古话说：“酒香不怕巷子深。”这话只适合过去，如今是酒香也怕巷子深。一个人无论才能如何出众，如果不善于表现，那他就得不到伯乐的青睐。所以人的才能需要自我表现，而且自我表现时必须主动、大胆。如果你自己不去主动地表现，或者不敢大胆地表现自己，你的才能就永远不会被别人知道。

在电影《飘》中扮演女主角郝斯佳的费雯丽，在出演该片前只是一位名不见经传的小演员。她之所以能够因此而一举成名，就是她大胆地抓住了自我表现的良好机遇。

当《飘》已经开拍时，女主角的人选还没有最后确定。毕业于英国皇家戏剧学院的费雯丽，当即决定争取出演郝斯佳这一十分诱人的角色。

可是，当时的费雯丽还默默无闻，没有什么名气。怎样才能让导演知道“我就是郝斯佳的最佳人选”呢？这个问题成为她思考解决的一大难题。

经过一番深思熟虑，费雯丽决定毛遂自荐，方法是自我表现。一天晚上，刚拍完《飘》的外景，制片人大卫又愁眉不展了。突然，他看见一男一女走上楼梯，男的他认识，那女的是谁呢？只见她一手扶着男主角的扮演者，一手按住帽子，居然自己把自己扮演成了郝斯佳的形象。

大卫正在纳闷儿时，突然听见男主角大喊一声：“喂！请看郝斯佳！”大卫一下子惊住了：“天哪！真是踏破铁鞋无觅处，得来全不费工夫。这不就是活脱脱的郝斯佳吗？！”

费雯丽被选中了。

毋庸置疑，你的表现得到认可之时，就是机遇来临之日。请你务必记住一点：知道和了解你才能的人越多，为你提供的机遇也就会越多。

当然，很多人或许不会像费雯丽那样仅靠一次表现就一举成功。所以，我们必须有耐心和恒心，多表现自己几次。在一个人面前表现不行，就在更多的人面前表现；在一个地方表现无效，就在其他地方进行表现。当你表现多了，被发现、被赏识的可能性就会大大增加。

汉代名士东方朔，诙谐多智。他刚入长安时，向汉武帝上书，竟用了三千片木牍，公车令派两个人去抬，才勉强能抬起来。汉武帝用了两个月才把它读完。这在当时也堪称是“吉尼斯世界之最”了。在奏章中，东方朔自许甚高，称：“臣朔年二十二，长九尺三寸，目若悬珠，齿若编贝，勇若孟贲，捷若庆忌，廉若鲍叔，信若尾生。若此，可以为天子大臣矣。”皇帝果然为此打动，但转念一想，又觉言过其实，始终未予重用。

东方朔并不死心，另辟蹊径。当时，与东方朔并列为公车令的侍臣中，有不少是侏儒。东方朔就吓唬他们，说皇帝嫌他们没用，要全部把他们杀死。侏儒们吓坏了，诉于皇帝，皇帝便召问东方朔为何要吓唬他们。东方朔说：“那些侏儒长得不过三尺，俸禄是一口袋米、二百四十个铜钱。我东方朔身长九尺有余，俸禄也是一口袋米、二百四十个铜钱。侏儒饱得要死，我却饿得要死。陛下要觉得我有用，请在待遇上有所差别；如果不想用我，可罢免我，那我也用不着在长安城要饭吃了。”皇帝听了大笑，因此让他待诏金马门（即古代宦署的大门），比以前亲近了许多。

有时候，沉默谦逊确实是一种“此时无声胜有声”的制胜利器，但无论如何你也不要处处把它当作金科玉律来信奉。在种种竞争中，你要将沉默、踏实、肯干、谦逊的美德和善于“秀”自己结合起来，如此才能更好地让别人赏识你。

走自己的路，让别人说去吧

哲人们常把人生比作路。是路，就注定有崎岖不平。

1929 年，美国芝加哥发生了一件震动全国教育界的大事。

几年前，一个年轻人半工半读地从耶鲁大学毕业。他曾做过作家、伐木工人、家庭教师和卖成衣的售货员。现在，只经过了 8 年，他就被任命为全美国第四大名校——芝加哥大学的校长，他就是罗勃·郝金斯。他只有 30 岁，真叫人难以置信。

人们对他的批评就像山崩落石一样一齐打在这位“神童”的头上，说他这样，说他那样——太年轻了，经验不够——说他的教育观念很不成熟，甚至各大报纸也参加了攻击。

在罗勃·郝金斯就任的那一天，有一个朋友对郝金斯的父亲说：“今天早上，我看见报上的社论攻击你的儿子，真把我吓坏了。”

“不错，”郝金斯的父亲回答说，“话说得很凶。可是请记住，从来没有人会踢一只死狗。”

曾有一个美国人，被人骂作“伪君子”“骗子”“比谋杀犯好不了多少”……你猜是谁？一幅刊在报纸上的漫画把他画成伏在断头台上，一把大刀正要切下他的脑袋，街上的人群都在嘘他。他是谁？他就是乔治·华盛顿。

耶鲁大学的前校长德怀特曾说：“如果此人当选美国总统，我们的国家将会合法卖淫，行为可鄙，是非不分，不再敬天爱人。”听起来这似乎是在骂希特勒吧？可是他谩骂的对象竟是杰斐逊总统，就是撰写《独立宣言》、被赞美为“民主先驱”的杰斐逊总统。

可见，没有谁的路永远是一马平川的。为他人所左右而失去自己方向的人，将无法抵达属于自己的幸福所在。

真正成功的人生，不在于成就的大小，而在于是否努力地去实现自我，喊出属于自己的声音，走出属于自己的道路。

一名中文系的学生苦心撰写了一篇小说，请作家点评。因为作家正患眼疾，学生便将作品读给作家。读到最后一个字，学生停顿下来。作家问道："结束了吗？"听语气似乎意犹未尽，渴望下文。这一追问，煽起学生的激情，使他立刻灵感喷发，马上接续道："没有啊，下部分更精彩。"他以自己都难以置信的构思叙述下去。

到达一个段落，作家又似乎难以割舍地问："结束了吗？"

小说一定摄魂勾魄，叫人欲罢不能！学生更兴奋，更激昂，更富于创作激情。他不可遏止地一而再再而三地接续、接续……最后，电话铃声骤然响起，打断了学生的思绪。

有人找作家，急事。作家准备出门。"那么，没读完的小说呢？""其实你的小说早该收笔，在我第一次询问你是否结束的时候，就应该结束。何必画蛇添足、狗尾续貂？该停则止，看来，你还没把握情节脉络，尤其是，缺少决断。决断是当作家的根本，否则绵延逶迤，拖泥带水，如何打动读者？"

学生追悔莫及，自认性格过于受外界左右，难以把握作品，恐不是当作家的料。

很久以后，这名年轻人遇到另一位作家，羞愧地谈及往事，谁知作家惊呼："你的反应如此迅捷、思维如此敏锐、编造故事的能力如此强，这些正是成为作家的天赋呀！假如正确运用，作品一定能脱颖而出。"

"横看成岭侧成峰，远近高低各不同。"凡事绝难有统一定论，谁的"意见"都可以参考，但永不可代替自己的"主见"，不要被他人的论断束缚了自己前进的步伐。追随你的热情、你的心灵，它将带你实现梦想。

遇事没有主见的人，就像墙头草，吹东风往西倒，吹西风往东倒，没有自己的原则和立场，不知道自己能干什么、会干什么，自然与成功无缘。

走自己的路，让别人说去吧。

保持特质才能赢得蓝天

有些人，在智商方面可能并没有什么超常的地方，但借助上帝之手，他们总有某个特质是超出常人的。这种时候，只有使这些能让自己成就大事的特质得到充分的发挥，人才有可能成长。

每个人在给自己定位或者确定方向的时候，总会受到外界这样或者那样的影响，其中包括父母长辈的期望。在这种情况之下，一个人就容易受外在事物的影响，不遵从自身特质的指引，走上一条受他人影响甚至由别人指定的道路。这对于任何人而言都是一种悲哀。人在遇到这种情况时，都应该坚持自己的特质。

这里有诺贝尔物理学奖获得者杰拉德斯·图夫特的一段话，他的成长经历在杰出人士这一群体中就很具有代表性。

当杰拉德斯·图夫特还是一个8岁的小男孩时，一位老师问他："你长大之后想成为怎样的人？"他回答："我想成为一个无所不知的人，想探索自然界所有的奥秘。"图夫特的父亲是一位工程师，因此想让他也成为一名工程师，但是他没有听从。"因为我的父亲关注的事情是别人已经发明的东西，我很想有自己的发现，做出自己的发明。我想了解这个世界运作的道理。"正是有着这样的渴求，当其他孩子正在玩耍或者在电视机前荒废时光的时候，小小的图夫特就在灯前彻夜读书了。"我对于一知半解从来不满足，我想知道事物的所有真相。”他很认真地说。

图夫特告诫我们要保持自我。“最重要的是一定要决定你要走什么样的道路。你可以成为一名科学家，可以去做医生，但是一定要选择你的道路。世界上没有完全相同的两个人，这就是人类能够取得各种各样成就的原因。所以没有必要来强迫一个人去做他不感兴趣的工作。如果你对科学感兴趣，你要尽量找一些好的老师，这点非常重要。”

“即使是这样，你也不一定就会获得诺贝尔奖，这些事情是可遇而不可求的，你不能过于注重结果，你不要期望一定能取得什么样的成就。如果你真正地投入到一个领域当中，倘若那不是你想要得到的，那么你也不能从中发现真正的乐趣。”这话深刻地揭示了保持自己的特长，让自己前行的道路能够顺应自己固有的特质延伸，对于杰出人士的成长，可谓是至关重要。

德塞纳维尔，在别人眼里是干什么都不行的庸才。但是，他总觉得自己有点儿与众不同。有一天，他脑子里飘起一段曲调，他便将它大概哼了出来，并用录音机录了下来，请人写成乐谱，名为《阿德丽娜叙事曲》。阿德丽娜正是他的大女儿。曲子谱好后，他就在罗曼维尔市找了一个游艺场的钢琴演奏员为之录音。这个演奏员没啥名气，穷酸得很。德塞纳维尔给他取了个艺名，叫理查德·克莱德曼……这一演奏不要紧，在音乐界立即引起了轰动，唱片在全世界一下子卖了2600多万张，德塞纳维尔轻而易举地发了财。他说：“我不会玩任何乐器，也不识乐谱，更不懂和声。不过我喜欢瞎哼哼，哼出些简单的、大众爱听的调儿。”

德塞纳维尔只作曲，不写歌，他的曲子已有数百首，并且流行全球。20年中，德塞纳维尔靠收取巨额版税，腰缠万贯。

成功人士都是这样，保持特质，最后他们终得到了一片蓝天。

自己的人生无须浪费在别人的标准中

童话里的红舞鞋，漂亮、妖艳且充满诱惑，一旦穿上，便再也脱不下来。我们疯狂地转动舞步，一刻也停不下来，尽管内心充满疲惫和厌倦，脸上还得挂着幸福的微笑。当我们在众人的喝彩声中终于以一个优美的姿势为人生画上句号时，才发觉这一路的风光和掌声，带来的竟然只是说不出的空虚和疲惫。

人生来时双手空空，却要让其双拳紧握；而等到人死去时，却要让其双手摊开，偏不让其带走财富和名声。明白了这个道理，人就会将许多东西看淡。幸福的生活完全取决于自己内心的简约而不在于你拥有多少外在的财富。

18 世纪法国有个哲学家叫戴维斯。有一天，朋友送他一件质地精良、做工考究、图案高雅的酒红色睡袍，戴维斯非常喜欢。可他穿着华贵的睡袍在家里踱来踱去，越踱越觉得家具不是破旧不堪，就是风格不对，地毯的针脚也粗得吓人。慢慢地，旧物件挨个儿更新，书房终于跟上了睡袍的档次。戴维斯穿着睡袍坐在帝王气十足的书房里，可他却觉得很不舒服，因为“自己居然被一件睡袍胁迫了”。

戴维斯被一件睡袍胁迫了，生活中的大多数人则是被过多的物质和外在的成功胁迫着。很多情况下，我们受内心深处支配欲和征服欲的驱使，自尊和虚荣不断膨胀，着了魔一般去同别人攀比，谁买了一双名牌皮鞋，谁添置了一套高档音响，谁交了一位漂亮女友，这些都会触动我们敏感的神经。一番折腾下来，尽管钱赚了不少，也终于博得了“别人”羡慕的眼光，但除了在公众场合拥有一两点流光溢彩的光鲜和热闹以外，我们过得其实并没有别人想象得那么好。

从一定意义上来说，人都是爱好虚荣的，不管自己究竟幸福不幸福，常常为了让别人觉得很幸福就很满足，人往往忽视了自己内心真正想要的是什么，而是常常被外在的事情所左右，别人的生活实际上与你无关，不论别人幸福与否都与你无关，而你将自己的幸福建立在与别人比较的基础之上，或者建立在了别人的眼光中。幸福不是别人说出来的，而是自己感受到的，人活着不是为别人，更多的是为自己。

《左邻右舍》中提到了这样一个故事：

男主人公的老婆看到邻居小马家卖了旧房子在闹市区买了新房，就眼红了，也要在闹市区选房子，并且偏偏要和小马住同一栋楼，而且一定要选比小马家房子大的那套，当邻居问起的时候，她很自豪地说：“不大，一百多平方米，只比304室小马家大那么一点！”气得小马老婆火冒三丈。过了几天，小马的老婆开始逼小马和她一起减肥，说是减肥之后，他们家的房子相对使用面积一定不会比男主人公家的小，男主人公又开始担心自己的老婆知道后会不会让他也一起减肥！

这个故事看起来虽然很好笑，但是却时常在我们的生活中上演，人将自己的生活放在了一个不断与人比较的困境中，被自己生活之外的东西所左右，岂不是很可悲？

一个人活在别人的标准和眼光之中是一种痛苦，更是一种悲哀。人生本就短暂，真正属于自己的快乐更是不多，为什么不能为了自己而完完全全、真真实实地活一次？为什么不能让自己脱离总是建立在别人基础上的参照系？如果我们把追求外在的成功或者“过得比别人好”作为人生的终极目标的时候，就会陷入物质欲望为我们设下的圈套而不能自拔。

不要拿过去犯下的错误处罚自己

在生活中，有太多的人喜欢抓住自己的错误不放：没能抓住发展的机遇，就一直怨恨自己不具慧眼；因为粗心而算错了数据，就一直抱怨自己没长大脑；做错了事情伤害到了别人，会为没有及时道歉而自责很久……

人生一世，花开一季，谁都想让此生了无遗憾，谁都想让自己所做的每一件事都正确，从而达到自己预期的目的。可这只能是一种美好的幻想。人不可能不做错事，不可能不走弯路。做了错事，走了弯路之后，有谴责自己的情绪是很正常的，这是一种自我反省，是自我解剖与改正的前奏曲，正因为有了这种“积极的谴责”，我们才会在以后的人生之路上走得更好、更稳。但是，如果你抓住后悔不放，或羞愧万分、一蹶不振；或自惭形秽、自暴自弃，那么你的这种做法就是愚人之举了。

卓根·朱达是哥本哈根大学的学生。有一年暑假，他去做导游，因为他总是乐于帮助游客，因此几个芝加哥来的游客就邀请他去华盛顿观光。

卓根抵达华盛顿以后就住进了“威乐饭店”，他在那里的账单已经预付过了。

当他准备就寝时，才发现由于自己的粗心大意，放在口袋里的皮夹不翼而飞。他立刻跑到柜台那里。

“我们会尽量想办法。”经理说。

第二天早上，仍然找不到。因为一时的粗心马虎，让自己孤零零一个人待在异国他乡，该怎么办呢？他越想越生气，越想越懊恼，于是想到了很多办法来惩罚自己。

这样折腾了一夜之后，他突然对自己说：“不行，我不能再这样一直沉浸在悔恨当中了。我要好好看看华盛顿。说不定我以后没有机会再来了，但是现在仍有宝贵的一天待在这里。好在今天晚上还有飞机到芝加哥去，一定有时间解决护照和钱的问题。”

于是他立刻动身，徒步参观了白宫和国会山，并且参观了几个博物馆，还爬到了华盛顿纪念馆的顶端。

等他回到丹麦以后，这趟美国之旅最使他怀念的却是在华盛顿漫步的那一天——因为如果他一直抓住过去的错误不放，那么这宝贵的一天也会白白溜走。

放下过去的错误，向前看，才能有更多的收获。我们一生当中会犯很多错误，如果每一次都抓住错误不放，那么我们的人生恐怕只能在懊悔中度过。很多事情，既然已经没有办法挽回，就没有必要再去惋惜悔恨了。与其在痛苦中挣扎浪费时间，还不如重新找到一个目标，再一次奋发努力。

把“我不可能”彻底埋葬

谈到“不可能”这个词，我们来看一看著名成功学大师卡耐基年轻时用的一个奇特的方法。

卡耐基年轻的时候想成为一名作家。要达到这个目的，他知道自己必须精于遣词造句，字典将是他的工具。但由于家里穷，接受的教育并不完整，因此“善意的朋友”就告诉他，说他的雄心是“不可能”实现的。

后来，卡耐基存钱买了一本最好的、最完全的、最漂亮的字典，他所需要的字都在这本字典里，而他对自己的要求是要完全了解和掌握这些字。他做了一件奇特的事，他找到“impossible（不可能）”这个词，用小剪刀把它剪下来，然后丢掉。于是他有了一本没有“不可能”的字典。以后他把整个事业建立在这个前提上，那就是对一个要成长、而且超过别人的人来说，没有任何事情是不可能的。

当然，并不是建议你从你的字典中把“不可能”这个词剪掉，而是建议你要从你的脑海中把这个观念铲除掉。谈话中不提它，想法中排除它，态度中去掉它、抛弃它，不再为它提供理由，不再为它寻找借口。把这个字和这个观念永远地抛开，而用光明灿烂的“可能”来代替它。

翻一翻你的人生词典，里面还有“不可能”吗？可能很多时候，在我们鼓起雄心壮志准备大干一场时，有人好心地告诉我们：“算了吧，你想的未免也太天真、太不可思议了，那是不可能的事情。”接着我们也开始怀疑自己：“我的想法是不是太不符合实际了，那是根本不可能达到的目标。”

假如回到500年前，如果有人对你说，你坐上一个银灰色的东西就可以飞上天；你拿出一个黑色的小盒子就能够跟远在千里之外的朋友说话；打开一个“方柜子”就能看到世界各地发生的事情……你也同样会告诉他“不可能”。但是今天，飞机、手机、电视甚至宇宙飞船都已变成现实了。正如那句老话所说的：“没有做不到，只有想不到。”奇迹在任何时候都可能发生。

纵观历史上成就伟业的人，往往并非那些幸运之神的宠儿，而是那些将“不可能”和“我做不到”这样的字眼儿从他们的字典以及脑海中连根拔去的人。富尔顿仅有一只简单的桨轮，但他发明了蒸汽轮船；在一家药店的阁楼上，迈克尔·法拉第只有一堆破破烂烂的瓶瓶罐罐，但他发现了电磁感应；在美国南方的一个地下室中，惠特尼只有几件工具，但他发明了锯齿轧花机；豪·伊莱亚斯只有简陋的针与梭，但他发明了缝纫机；贫穷的贝尔教授用最简单的仪器进行实验，但他发明了电话。

美国著名钢铁大王安德鲁·卡内基在描述他心目中的优秀员工时说：“我们所急需的人才，不是那些有着多么高贵的血统或者多么高学历的人，而是那些有着钢铁般的坚定意志，勇于向工作中的‘不可能’挑战的人。”

这是多么掷地有声、发人深省的一句话啊！

每一位在生活中、在职场上拼搏并希望获得成功的人，都应该把这句话铭刻在自己的内心深处！敢于向“不可能”发出挑战，一切皆有可能！

像世界超模一样走路

他是英国一位年轻的建筑设计师，很幸运地被邀请参加了温泽市政府大厅的设计。他运用工程力学的知识，根据自己的经验，很巧妙地设计了只用一根柱子支撑大厅天顶的方案。一年后，市政府请权威人士进行验收时，对他设计的一根支柱提出了异议。他们认为，用一根柱子支撑天花板太危险了，要求他再多加几根柱子。

年轻的设计师十分自信，他说：“只要用一根柱子便足以保证大厅的稳固。”他详细地通过计算和列举相关实例加以说明，拒绝了工程验收专家们的建议。

他的固执惹恼了市政官员，年轻的设计师险些因此被送上法庭。

在万不得已的情况下，他只好在大厅四周增加了四根柱子。不过，这四根柱子全部都没有接触天花板，其间相隔了无法察觉的两毫米。

时光如梭，岁月更迭，一晃就是300年。

300年的时间里，市政官员换了一批又一批，市政府大厅坚固如初。直到20世纪后期，市政府准备修缮大厅的天顶时，才发现了这个秘密。

消息传出，世界各国的建筑师和游客慕名前来，观赏这几根神奇的柱子，并把这个市政大厅称作“嘲笑无知的建筑”。最为人们称奇的是这位建筑师当年刻在中央圆柱顶端的一行字：

自信和真理只需要一根支柱。

这位年轻的设计师就是克里斯托·莱伊恩，一个很陌生的名字。今天，能够找到的有关他的资料实在微乎其微了，但在仅存的一点儿资料中，记录了他当时说过的一句话："我很自信。至少100年后，当你们面对这根柱子时，只能哑口无言，甚至瞠目结舌。我要说明的是，你们看到的不是什么奇迹，而是我对自信的一点儿坚持。"

总是一味地轻视自己，不敢相信自己的想法和决策，这种情绪一旦占据心头，就会腐蚀一个人的斗志，犹豫、忧郁、烦恼、焦虑也便纷至沓来。生命，有时候是一种恶性循环，你越是不敢相信自己，很多事情越是做不好。陷入这样的旋涡里，你将从此丢了快乐，丢了幸福。

其实，世界上每一个事物、每一个人都有其优势，都有其存在的价值。自卑是一种没有必要的自我没落，具有自卑心理的人，总是过多地看重自己不利和消极的一面，而看不到有利、积极的一面，缺乏客观全面地分析事物的能力和信心。这就要求我们努力提高自己透过现象抓本质的能力，客观地分析对自己有利和不利的因素，尤其当看到自己的长处和潜力的时候，不要妄自菲薄。

当你竭尽全力，上帝自会主持公道

不论你的出身如何，不论别人是否看得起你，首先你就要自己看得起自己。只有相信自己的价值，才能保持奋发向上的劲头。要知道，上帝没有偏见，从不会轻看卑微，你所做的一切他都看在眼里。

人类有一样东西是不能选择的，那就是每个人的出身。在现实生活中，我们常常遇到这样一群人，他们以自己穷困的出身来判定自己未来的生活道路，他们因自己角色的卑微而用微弱的声音与世界对话，他们总是因暂时的生活窘迫而放弃了儿时的绮丽梦想，他们还因为自己的其貌不扬而低下了充满智慧的头颅。

难道一个人出身卑微注定就会永远卑微下去吗？难道命运不是掌握在自己手中吗？实际上，即便一个人的身份卑微，上帝也不会轻看他，上帝偏爱的不是身份高贵的人，而是努力奋斗的人！所以，如果你出身卑微，那么努力奋斗吧，上帝一定会垂青你！

韩国贫民总统卢武铉 1946 年出生于韩国金海市郊的一个小村庄。卢武铉的父母都是农民，靠种植庄稼和桃子为生。他的故乡十分偏远贫穷，连村里人都说“即使乌鸦飞来这里，也会因没有食物而哭着飞回去”。

卢武铉曾经说过：“在韩国政坛，如果你没有钱，或者没有势力，很难当上总统候选人，更别提获胜了，然而我，这两样都没有。”有人说，卢武铉的政治经历与美国前总统林肯十分相似，对此，卢武铉也有同感。林肯是美国 200 多年历史中为数不多的贫民总统，他上任伊始就遇到美国南北冲突；而韩国的这位贫民总统卢武铉，则遇上了朝鲜核危机。

1968 年，卢武铉进入韩国陆军服兵役，34 个月后退役返乡。卢武铉知道自己学识不够，也知道家中没有钱供他读书，于是他开始自学法律。勤奋刻苦的他于 1975 年 4 月通过韩国第 17 届司法考试，由此开始了自己的律师生涯。

在卢武铉的律师生涯中，他始终为社会的公正而奋斗。1981年，卢武铉勇敢地站出来，为12名被政府指控为“私藏禁书”的大学生辩护。因为此事，卢武铉有了些名气，被一些媒体称为“人权律师”。6年后，卢武铉又因支持“非法罢工”而遭逮捕，并且被剥夺了6个月的律师权。但牢狱之苦激起了卢武铉通过从政实现自己政治抱负的信念。

1988年，卢武铉步入政坛，当选为国会议员。自1992年起，卢武铉3次放弃了自己在首尔（当时称“汉城”）的优势选区，赴釜山进行议员和市长的竞选，结果接连3次饮恨釜山。一批选民被卢武铉的精神感动，自发成立了一个叫“爱卢会”的组织。该组织在民间迅速扩展，以至韩国上下掀起了一股支持卢武铉的热潮，被舆论称为“卢旋风”。凭借这股“卢旋风”，卢武铉顺利当选了议员和市长，之后又登上了总统宝座。

所以，一个人不能选择自己的出身，但可以选择自己的道路。只要踏上正确的人生之路，并能义无反顾地勇往直前，就一定能创建一番辉煌的业绩。

多年前的一个傍晚，一位叫皮埃尔的青年移民，站在河边发呆。这天是他30岁生日。但他不知道自己是否还有活下去的必要。

因为皮埃尔从小在福利院里长大，长相丑陋，身材也非常矮小，讲话又带着浓重的法国乡下口音，因此他一直很瞧不起自己，认为自己是一个既丑又笨的乡巴佬，连最普通的工作都不敢去应聘，他没有家，也没有工作。

就在皮埃尔徘徊于生死之间的时候，与他一起在福利院长大的好朋友亨利兴冲冲地跑过来对他说：“皮埃尔，告诉你一个好消息！”

皮埃尔一脸悲戚地说：“好消息从来就不属于我。”

“你听我说，我刚刚从收音机里听到一则消息，拿破仑曾经丢失了一个孙子。播音员描述的相貌特征，与你丝毫不差！”

“真的吗，我竟然是拿破仑的孙子？”皮埃尔一下子精神大振。想到自己的爷爷曾经以矮小的身材指挥着千军万马，用带着科西嘉口音的法语发出威严的军令，他顿时感到自己矮小的身材同样充满力量，讲话时的法国口音也带着几分威严和高贵。

第二天一大早，皮埃尔便满怀自信地来到一家大公司应聘。结果，他竟然一应即聘。

10年后，已成为这家大公司总裁的皮埃尔，查证了自己并非拿破仑的孙子，但这早已不重要了。

上帝一定会青睐那些从黑暗中走出来的人——他们有着坚强的生存意志、果敢的斗志、不屈的傲骨和出众的天赋。他们必将会在某个有价值的领域脱颖而出。请相信命运的公正吧！一个人只要知道自己将到哪里去，那么全世界都会给他让路。

世界有多残酷，你就该有多坚强

据说，世界上只有两种动物能达到金字塔顶：一种是老鹰，还有一种就是蜗牛。

老鹰和蜗牛，它们是如此的不同：鹰矫健凶狠，蜗牛弱小迟钝。鹰性情残忍，捕食猎物甚至吃掉同类从不迟疑。蜗牛弱小，从不伤害任何生命。鹰有一对飞翔的翅膀，而蜗牛背着一个厚重的壳。它们从出生就注定了一个在天空翱翔，一个在地上爬行，是完全不同的动物，唯一相同的是它们都能到达金字塔顶。

鹰能到达金字塔顶，归功于它有一双善飞的翅膀。也因为这双翅膀，鹰成为最凶猛、生命力最强的动物之一。与鹰不同，蜗牛能到达金字塔顶，主观上是靠它永不停息的执着精神。虽然爬行极其缓慢，但是每天坚持不懈，蜗牛总能登上金字塔顶。

我们中间的大多数人都是蜗牛，只有一小部分能拥有优秀的先天条件，成为鹰。但是先天的不足，并不能成为自暴自弃的理由。因为，没有人注定命中不幸。要知道，在攀登的过程中，蜗牛的壳和鹰的翅膀，起的是同样的作用。可惜，生活中，大多数人只羡慕鹰的翅膀，很少在意蜗牛的壳。所以，我们处于社会下层时，无须心情浮躁，更不应该抱怨颓废，而应该静下心来，学习蜗牛，每天进步一点点，总有一天，你也能登上成功的“金字塔”。

高尔基早年生活十分艰难，3 岁丧父，母亲早早改嫁。在外祖父家，他遭受了很大的折磨。外祖父是一个贪婪、残暴的老头儿。他把对女婿的仇恨统统发泄到高尔基身上，动不动就责骂毒打他。更可恶的是，他那两个舅舅经常变着法儿侮辱这个幼小的外甥，使高尔基在心灵上过早地领略了人间的丑恶。只有慈爱的外祖母是高尔基唯一的保护人，她真诚地爱着这个可怜的小外孙，每当他遭到毒打时，外祖母总是搂着他一起流泪。

高尔基在《童年》中叙述了他苦难的童年生活。在 19 岁那年，高尔基突然得到一个消息：他最为慈爱的、唯一的亲人外祖母，在乞讨时跌断了双腿，因无钱医治，伤口长满了蛆虫，最后惨死在荒郊野外。

外祖母是高尔基在人世间唯一的安慰。这位老人劳苦一辈子，受尽了屈辱和不幸，最后竟这样惨死。这个噩耗几乎把高尔基击垮了。他不由得放声痛哭，几天茶饭不进。每当夜晚，他独自坐在教堂的广场上呜咽流泪，为不幸的外祖母祈祷。1887年12月12日，高尔基觉得活在人间已没有什么意义。这个悲伤到极点的青年，从市场上买了一支旧手枪，对着自己的胸膛开了一枪。但是，他还是被医生救活了。后来，他终于战胜了各种各样的灾难，成为世界著名的大文豪。

不要因为没有鞋子而哭泣，看看那些没有脚的人吧！绝对不要把自己想象成最不幸的人，否则，你就真正成了最不幸的人。要知道，没有什么困难能够打垮你，唯一能够打垮你的就是你自己。

许多人常常把自己看作是最不幸的、最苦的，实际上许多人比你的苦难还要大、还要苦，大小苦难都是生活所必须经历的。苦难再大也不能丧失生活的信心、勇气。与许多伟大的人物所遭受的苦难相比，我们个人所遭到的困难又算得了什么。名人之所以成为名人，大都是由于他们在人生的道路上能够承受住一般人所无法承受的种种磨难。他们面对事业上的不顺、情场上的失意、身体上的疾病、家庭生活中的困苦与不幸，以及各种心怀恶意的小人的诽谤与陷害，没有沮丧，没有退缩，而是咬紧牙关，擦净那饱受创伤的心所流出的殷红的鲜血和悲愤的泪水，奋力抗争，不懈地拼搏，用自己惊人的毅力和不屈的奋斗精神，为人类的文明和社会的进步做出了卓越的贡献，从而成为风靡世界的名人。

人生需要的不是抱怨、自怜，而是扎扎实实、艰苦地奋斗。人是为幸福而活着的，为了幸福，苦难是完全可以接受的。

人生的苦难与幸福是分不开的。人类的幸福是人类通过长期不懈的努力而逐步得到的，这其中要经历各种苦难，这正像人们常讲的，幸福是由血汗造就的。有些人太单纯、太简单了，他们只要幸福而不要苦难。切记，拒绝苦难的人，就不可能拥有幸福。

所谓的天才，都是勤奋造就的

勤奋能塑造卓越的伟人，也能创造最好的自己。但凡有作为的人，无一不与勤奋有着深厚的缘分。

古人说得好："一勤天下无难事。"勤奋能塑造卓越的伟人，也能创造最好的自己。爱因斯坦曾经说过："在天才和勤奋之间，我毫不迟疑地选择勤奋，它几乎是世界上一切成就的催化剂。"高尔基还有这么一句话："天才出于勤奋。"卡莱尔更激励我们说："天才就是无止境刻苦勤奋的能力。"

古今中外著名的思想家、科学家、艺术家，他们无不是勤奋耕作走向成功的典型。

1601 年的一个傍晚，丹麦天文学家第谷·布拉赫卧在床上，生命已经垂危。他的学生德国天文学家开普勒坐在一张矮凳上，倾听着老师临终的话："我一生以观察星辰为工作，我的目标是 1000 颗星，现在我只观察了 750 颗星。我把我的一切底稿都交给你，你把我的观察结果出版出来……你不会让我失望吧？"

开普勒静静地坐着，点了点头，眼泪从脸颊上流下来。

为了不辜负老师的嘱托，开普勒开始勤奋工作。但是他的继承引起了布拉赫亲戚们的妒忌，不久，他们合伙把作为遗产的底稿全部收了回去。无情的挫折没能使开普勒屈服，他日夜牢记着老师的托付“我的目标是1000颗星”。开普勒顽强地进行实地观测，每天只睡几个小时，吃住都在望远镜边，开始了枯燥单调的天文工作。751，752，753……20多年过去了，终于在1627年，开普勒实现了老师的遗愿。

天才出自于勤奋，伟大来自于平凡的努力，没有人能随随便便成功。没有细致耐心的勤奋工作，也不会有大的成就。

所谓勤，就是要人们善于珍惜时间，勤于学习，勤于思考，勤于探索，勤于实践，勤于总结。看古今中外，凡有建树者，在其历史的每一页上，无不用辛勤的汗水写着一个闪光的大字——“勤”。

德国伟大诗人、小说家和戏剧家歌德，前后花了58年的时间，搜集了大量的材料，写出了对世界文学和思想界产生很大影响的诗剧《浮士德》；

马克思写《资本论》，辛勤写作，艰苦奋斗了40年，阅读了数量惊人的书籍和刊物，其中做过笔记的就有1500本以上。

我国著名的数学家陈景润，在攀登数学高峰的道路上，翻阅了国内外相关的上千本资料，通宵达旦地看书学习，取得了震惊世界的成就。

有人说过：“天才之所以能成为天才，只不过是因为他们比一般人更专注更勤奋罢了。”的确，没有人能只依靠天分成功。上天只能给人天分，只有勤奋才能将天分变为天才。

曾国藩是中国历史上最有影响力的人物之一，然而他小时候的天赋却不高。有一天在家读书，他把一篇文章反反复复地朗读了不知道多少遍，还是没有背下来。这时候他家来了一个贼，潜伏在他的屋檐下，希望等曾国藩睡觉之后捞点好处。

可是等啊等，就是不见他睡觉，一直翻来覆去地读那篇文章。

贼人大怒，跳出来说：“这种水平读什么书？”然后将那文章背诵一遍，扬长而去！

贼人是很聪明，至少比曾先生要聪明，但是他只能成为贼，而曾先生却成为近代史上的风云人物。其中奥妙何在？无非一个“勤”字。“勤能补拙是良训，一分辛苦一分才。”

可见，任何一项成就的取得，都是与勤奋分不开的，古今中外，概莫能外。伟大的成功和辛勤的劳动是成正比的，有一分劳动就有一分收获，日积月累，从少到多，奇迹就可以创造出来。

无论多么美好的东西，人们只有付出相应的劳动和汗水，才能懂得这美好的东西是多么的来之不易，因而愈加珍惜它。这样，人们才能从这种“拥有”中享受到快乐和幸福。

如果能试着按下面的方法去做，你就能变得勤奋，你的努力也会更加有效：

1. 要做一些自己喜欢的事情；学会自己做决定，哪怕是已定的事情也要学着自己决定一下；从小事开始，先做一些有把握成功的事情；把激发自己热情的事情记录下来；珍惜生命；鼓励自己，和热情的人在一起。

2. 会休息的人才会工作。充分休息，自我放松，培养愉快的心情。在积极的心态下行动，才能事半功倍。

3. 做一个详细具体的计划，让自己的工作有计划、有规律，然后努力把眼前的事情做好。

4. 只顾忙碌而不注重效率也不行，所以要做好时间管理，让自己的努力更有效率。

5. 绝不拖延，只有这样，才能养成今日事今日毕的好习惯。长此以往，便可拥有可贵的品质——勤奋。

第四章

有些黑夜，只能独自穿越

——一个有梦想的人，要耐得住没有星空的夜晚

寂寞成长，无悔青春

每个想要突破目前的困境的人首先都需要耐得住寂寞，只有在寂寞中才能催生一个人的成长。

曾有人在谈及寂寞降临的体验时说：“寂寞来的时候，人就仿佛被抛进一个无底的黑洞，任你怎么挣扎呼号，回答你的，只有狰狞的空间。”的确，在追寻事业成功的路上，寂寞给人的精神煎熬是十分厉害的。想在事业上有所成就，自然不能像看电影、听故事那么轻松，必须得苦修苦练，必须得耐疑难、耐深奥、耐无趣、耐寂寞，而且要抵得住形形色色的诱惑。能耐得住寂寞是基本功，是最起码的心理素质。耐得住寂寞，才能不赶时髦，不受诱惑，才不会浅尝辄止，才能集中精力潜心于所从事的工作。耐得住寂寞的人，等到事业有成时，大家自然会投来钦佩的目光，这时就不寂寞了。而有着远大志向却耐不住寂寞，成天追求热闹，终日浸泡在欢乐场中，一混到老，最后什么成绩也没有的人，那就将真正寂寞了。其实，寂寞不是一片阴霾，寂寞也可以变成一

缕阳光。只要你勇敢地接受寂寞，拥抱寂寞，以平和的爱心关爱寂寞，你会发现：寂寞并不可怕，可怕的是你对寂寞的惧怕；寂寞也不烦闷，烦闷的是你自己内心的空虚。

曾获得奥斯卡最佳导演奖的华人导演李安，在去美国读电影学院时已经26岁，遭到父亲的强烈反对。父亲告诉他：纽约百老汇每年有几万人去争几个角色，电影这条路走不通的。李安毕业后，整整7年，他都没有工作，在家做饭带小孩。有一段时间，他的岳父岳母看他整天无所事事，就委婉地告诉女儿，准备资助李安一笔钱，让他开个餐馆。李安自知不能再这样拖下去，但也不愿拿丈母娘家的资助，决定去社区大学上计算机课，从头学起，争取可以找到一份安稳的工作。李安背着老婆硬着头皮去社区大学报名，一天下午，他的太太发现了他的计算机课程表。他的太太顺手就把这个课程表撕掉了，并跟他说："安，你一定要坚持自己的理想。"

因为这一句话，这样一位明理聪慧的老婆，李安最后没有去学计算机，如果当时他去了，多年后就不会有一个华人站在奥斯卡的领奖台上领那个很有分量的大奖。

李安的故事告诉我们，人生应该做自己最喜欢最爱的事，而且要坚持到底，把自己喜欢的事发挥得淋漓尽致，必将走向成功。

如果你真正的最爱是文学，那就不要为了父母、朋友的谆谆教诲而去经商；如果你真正的最爱是旅行，那就不要为了稳定选

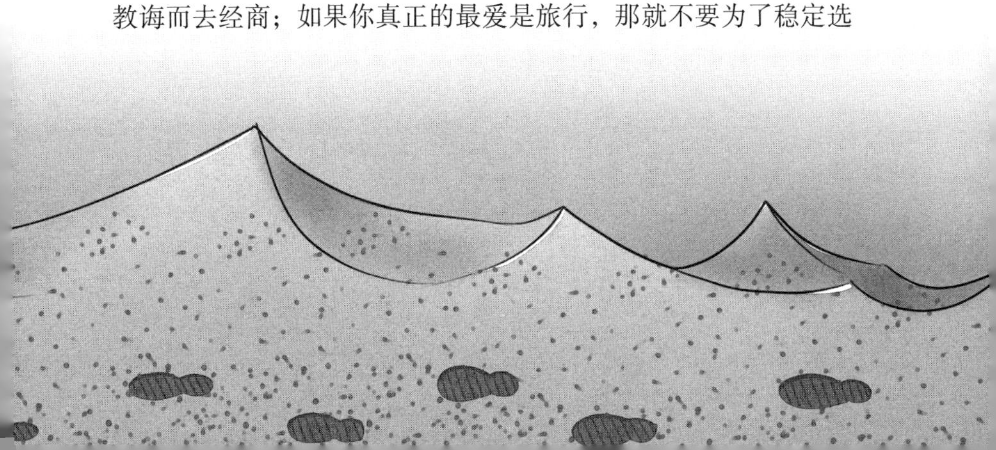

择一个一天到晚坐在电脑前的工作。

你的生命是有限的，但你的人生却是无限精彩的。也许你会成为下一个李安。

但你需要耐得住寂寞，7 年你等得了吗？很有可能会更久，你等得到那天的到来吗？别人都离开了，你还会在原地继续等待吗？

一个人想成功，一定要经过一段艰苦的过程。任何想在春花秋月中轻松获得成功的人距离成功都遥不可及。这寂寞的过程正是你积蓄力量，开花前奋力地汲取营养的过程。如果你耐不住寂寞，成功永远不会降临于你。

每一只惊艳的蝴蝶，前身都是不起眼的毛毛虫

成功贵在坚持，要取得成功就要坚持不懈地努力，很多人的成功，也是饱尝了许多次的失败之后得到的，我们经常说什么“失败乃成功之母”，成功诚然是对失败的奖赏，但却也是对坚持者的奖赏。

古往今来，那些成功者们不都是依靠坚持而取得成就的吗？

被鲁迅誉为“史家之绝唱，无韵之《离骚》”的《史记》，其作者司马迁，享誉千古的文学大师，可知他取得这么大的成就是在什么情况下吗？

汉武帝为了一个不严重的罪名阉割了堂堂的大丈夫，那是多么大的耻辱啊，而且这给他带来的身心伤害是多么的巨大！从此，他只能在四处不通风的炎热潮湿的小屋里生活，不能见风，不能再无畏地欣赏太阳、花草，换一个人，简直就活不下去了。

司马迁也曾想过死，对于当时的他来说，死是最容易的解脱

方法了。可是他心中始终有一个梦想，他的梦想就是写一部历史的典籍，把过去的事记下来，传诸后世。为了这个梦，他坚持了下来，坚持着忍受了身体的痛苦，坚持着忍受了别人歧视的目光，坚持着在严酷的政治迫害下活着，以继续撰写《史记》，并且终于完成了这部恢宏著作。

他靠的是什么？只有两个字：坚持。如果他在遭受了腐刑以后，丧失一切斗志，那么我们现在就再也看不到这本巨著，吸收不了他的思想精华。所以他的成功、他的胜利，最主要的还是靠坚持。如果真的可以有对比，他的著作所带给我们的震撼倒是其次了，他的坚持精神所激励鼓舞我们的更多。

外国名作家杰克·伦敦的成功也是建立在坚持之上的。就像他笔下的人物“马丁·伊登”一样，坚持坚持再坚持，他抓住自己的一切时间，坚持把好的字句抄在纸片上，有的插在镜子缝里，有的别在晒衣绳上，有的放在衣袋里，以便随时记诵。所以他成功了，他的作品被翻译成多国文字，我们的书店中他的作品放在显眼的位置，赫然在目。当然，他所付出的代价也比其他人多好几倍，甚至几十倍。成功是他坚持的结果。

功到自然成。成功之前难免有失败，然而只要能克服困难，坚持不懈地努力，那么，成功就在眼前。

石头是很硬的，水是很柔软的，然而柔软的水却穿透了坚硬的石头，这其中的原因无他，唯坚持而已。

我们在黑暗中摸索，有时需要很长时间才能找寻到通往光明的道路。以勇敢者的气魄，坚定而自信地对自己说，我们不能放弃，一定要坚持。也只有坚持，才能让我们冲破禁锢的蚕茧，最终化成美丽的蝴蝶。

你只需要努力，剩下的交给时光

人生最大的自由，莫过于选择成败，成功者寥若晨星，更少有人青史留名，而失败者比比皆是。据有关学者研究证明：48%的人经历一次失败，就一蹶不振了；25%的人经历两次失败就泄气了；15%的人经历三次失败也放弃了；只有12%的人经历无数次的失败后，仍不气馁，始终朝着一个方向冲刺。他们坚信，只要方向不错，方法得当，坚持不懈，锲而不舍，成功只是时间问题。人生最大的敌人是自己，战胜自己是成功者的必经之路。

李健最早涉足茶叶经营是在2001年。在这之前他经营着一家超市，由于拆迁，他只好改行和一个福建籍朋友做起了茶叶生意。那时，茶艺还处于萌芽状态，是一个新兴产业，利润空间和发展空间都比较大。

然而，李健对茶艺、茶文化一窍不通，门市开业后，面对顾客提出的有关茶的问题，他常常脸涨得通红，说不出话来，之后只得向朋友求救。看着朋友和顾客大谈茶文化，李健第一次认识到茶居然有着这样深的内涵，他喜欢上了这一行。

后来，李健和朋友的经营理念发生了分歧，生意也开始变得清淡。李健回忆，在一段时间里，他们不断地往里垫钱，根本没有回款。坚持了三个月后，李健与朋友在经营思路上的分歧越来越大，最后只好分道扬镳。于是，李健开始独自创业。

经过市场调查，他把茶叶门市地址选在了北京茶叶一条街——马连道。也许是初生牛犊不怕虎，李健当初只是想扎堆的生意好做，并没在意这一条街上对手们的来历。后来他才发现这里的人个个都是高手，不论是茶道还是销售，而且他们都来自茶叶生产厂家，对茶有着深刻的理解，唯独他是个门外汉。

李健选定地址后看中了一间 60 平方米的门市，年租金 4 万元。他交了租金请来装修工装修门市，自己则赶往茶叶生产地采购茶叶。这是他第一次采购茶叶，由于没有经验，又缺乏茶叶知识，他采购的茶叶无论在色泽上还是质量上都给日后的批发和销售带来了困难。为了不再犯同样的错误，他买来大量有关茶叶的书，仔细研读，凡是上门的客户也都提供最优惠的价格，以便发展市场。即使这样，他的门市仍是门庭冷落。

李健开始托朋友介绍茶叶销售渠道，稍有空闲就亲自背着茶叶样品去零售店推销，有时他请人给他看门市，自己背个大袋子到偏远区县去找销售点。而很多时候，他都吃了闭门羹，偶尔听到“我们有供货方，以后考虑吧”，他都激动半天。“那时我一心想着尽快发展客户，有时一天只能吃一顿饭，一个月下来整个人都快虚脱了。”

在两个月里，他跑遍了 6 个城市的茶叶零售店，但是没有得到任何回报。

李健的茶叶门市经历了整整 14 个月的萧条后才开始复苏。在这期间，他不断听到类似他这种门外汉茶业门市倒闭的消息，他的朋友也劝他收手。李健经过激烈的思想斗争后，咬着牙告诉朋友：“我已经喜欢上了这个行业，每个行业起步都会有艰难和困苦，更何况我还没有认输。”

随着对茶经的深入了解和对市场的辛勤开拓，李健的门市第 13 个月开始有了一点儿利润，就在 2003 年春节前的一个月，他的门市赚回了之前的所有投资，还略有盈余。2004 年，李健的茶叶门市纯利润达 20 多万元。

事实证明：只要有恒心，铁棒也能磨成针。看一个人，不必看他辉煌耀眼、春风得意之时，而应看他身处逆境时是怎样艰难跋涉的。执着是人类的一种美德，任何天赋、才华、强势都不能代替。不积跬步，无以至千里；不积小流，无以成江海。千里之行始于足下，做任何事情都必须有恒心。

虽然每一步都走得很慢，但我不曾退缩过

“登泰山而小天下”，这是成功者的境界，如果达不到这个高度，就不会有这个视野。但是，若想到达这种境界亦非易事，人们从岱庙前起步上山，进中天门，入南天门，上十八盘，登玉皇顶，这一步步拾级而上，起初倒觉轻松，但愈到上面便愈感艰难。十八盘的陡峭与险峻曾使无数登山客望而却步。游人只有努力向前，才能登上泰山山顶，体验杜甫当年“一览众山小”的酣畅意境。

许多人盼望长命百岁，却不理解生命的意义；许多人渴求事业成功，却不愿持之以恒地努力。其实，人的生命是由许许多多的“现在”累积而成的，人只有珍惜“现在”，不懈奋斗，才能使生命焕发光彩，事业获得成功。

要成功，最忌“一日曝之，十日寒之”“三天打鱼，两天晒网”。数学家陈景润为了求证哥德巴赫猜想，用过的稿纸几乎可以装满一个小房间；作家姚雪垠为了写成长篇历史小说《李自成》，竟耗费了40年的心血，大量的事实告诉我们：无论你多么聪明，成功都是在踏实中，一步一步、一年一年积累起来的。

莎士比亚说：“斧头虽小，但多次砍劈，终能将一棵挺拔的大树砍倒。”

现在有一种流行病，就是浮躁。许多人总想“一夜成名”“一夜暴富”。他们不扎扎实实地长期努力，而是想靠侥幸一举成功。比如投资赚钱，不是先从小生意做起，慢慢积累资金和经验，再把生意做大；而是如赌徒一般，借钱做大投资、大生意，结果往往惨败。网络经济一度充满了泡沫。有的人并没有认真研究市场，也没有认真考虑它的巨大风险，只觉得这是一个发财成名的“大馅饼”，一口吞下去，最后没撑多久，草草倒闭，白白“烧”掉了许多钞票。

俗话说“滚石不生苔”“坚持不懈的乌龟能快过灵巧敏捷的野兔”。如果能每天学习一小时，并坚持12年，所学到的东西，一定远比坐在学校里混日子的人所学到的多。

人类迄今为止，还不曾有一项重大的成就不是凭借坚持不懈的努力而实现的。

大发明家爱迪生也如是说：“我从来不做投机取巧的事情。我的发明除了照相术，也没有一项是由于幸运之神的光顾。一旦我下定决心，知道我应该往哪个方向努力，我就会勇往直前，一遍一遍地试验，直到产生最终的结果。”

要成功，就要强迫自己一件一件地去做，并从最困难的事做起。有一个美国作家在编辑《西方名作》一书时，应约撰写102篇文章。这项工作花了他两年半的时间。加上其他一些工作，他每周都要干整整七天。他没有从最容易阐述的文章入手，而是给自己定下一个规矩：严格地按照字母顺序进行，绝不允许跳过任何一个自感费解的观点。另外，他始终坚持每天都首先完成困难较大的工作，再干其他的事。事实证明，这样做是行之有效的。

一个人如果要成功，就应该学习这些名人的经验，从小事入手，坚持下去，总有一天你会看到成功的阳光。

冬天里会有绿意，绝境中也会有生机

我们知道，事情的发展往往具有两面性，犹如每一枚硬币总有正反面一样，失败的背后可能是成功，危机的背后也有转机。

1974 年，第一次石油危机引发经济衰退时，世界运输业普遍不景气，但当时美国的特德·阿里森家族却收购了一艘邮轮，成立嘉年华邮轮公司，后来这家公司成为世界上最大的超级豪华邮轮公司；世界最大的钢铁集团米塔尔公司，在 20 世纪 90 年代末世界钢铁行业不景气的时候，进行了首次大规模兼并，然后迅速扩张起来。所以说，危机中有商机，挑战中有机遇，艰难的经济发展阶段对企业来说是充满机会的，对企业如此，对个人、对民族、对国家也是如此。

2008 年经济危机爆发后，美国很多商业机构和场所顿时萧条了，但酒吧的生意却悄悄地红火起来。原来，精明的酒商们发现美国人开始越来越喜欢喝战前禁酒令时期以及大萧条时期的酒品，比如由白兰地、橘味酒和柠檬汁调制成的赛德卡鸡尾酒。酒商们迅速嗅出了新商机，推出了一款改进的老牌鸡尾酒。美国一个酒业资深人士指出，人们在困难时期，往往会从熟悉的东西那里寻求安慰，老式鸡尾酒自然而然会走俏。这种酒品，不仅让酒商们大赚了一笔，而且还能使疲于应对经济危机的美国人民得到慰藉。

“危中有机，化危为机。”一些中外专家认为，如果危机处置得当，金融风暴也有可能成为个人、企业或国家迅速发展的机遇。

所以，冬天里会有绿意，绝境里也会有生机。

危机之下，谁都不希望面临绝境，但绝境意外来临时，我们挡也挡不住，与其怨天尤人，还不如奋力一搏，说不定，还会创造一个奇迹。

有人说过这样一句话：“瀑布之所以能在绝处创造奇观，是因为它有绝处求生的勇气和智慧。”其实我们每个人都像瀑布一样，在平静的溪谷中流淌时，波澜不惊，看不出蕴涵着多大的力量；往往当我们身处绝境时，才能将这种力量开发出来。

下面是一个在绝境里求生存的真实故事：

第二次世界大战期间，有位苏联士兵驾驶一辆苏H正式重型坦克，非常勇猛，一马当先地冲入了德军的心腹重地。这一下虽然把敌军打得抱头鼠窜，但他自己渐渐脱离了大部队。

就在这时，突然轰隆隆一声，他的坦克陷入了德军阵地中的一条防坦克深沟之中，顿时熄了火，动弹不得。

这时，德军纷纷围了上来，大喊着：“俄国佬，投降吧！”

刚刚还在战场上咆哮的重型坦克，一下子变成了敌人的瓮中之物。

苏联士兵宁死也不肯投降，但是现实一点儿也不容乐观，他正处于束手待毙的绝境中。

突然，苏军的坦克里传出了“砰砰砰”的几声枪响，接着就是死一般的沉寂。看来苏联士兵在坦克中自杀了。

德军很高兴，就去弄了辆坦克来拉苏军的坦克，想把它拖回自己的堡垒。可是德军这辆坦克吨位太轻，拉不动苏军的庞然大物，于是德军又弄了一辆坦克来拉。

两辆德军坦克拉着苏军坦克出了壕沟。突然，苏军的坦克发动起来，它没有被德军坦克拉走，反而拉走了德军的坦克。

德军惊惶失措，纷纷开枪射向苏军坦克，但子弹打在钢板上，只打出一个个浅浅的坑洼，奈何它不得。那两辆被拖走的德军坦克，因为目标近在咫尺，无法发挥火力，只好像被驯服的羔羊，乖乖地被拖到苏军阵地。

原来，苏联士兵并没有自杀，而是在那种绝境中，被逼得想出了一个绝妙的办法。他以静制动，后发制人，让德军坦克将他的坦克拖出深沟，然后凭着自身强劲的马力，反而俘虏了两辆德军坦克。

其实，每个人皆是如此，虽然我们的生活并不会时时面临枪林弹雨，但总有身处绝境的时候，每当此时，我们往往会产生爆发力，而正是这种爆发力将我们的力量激发出来了。所以，面临绝境的时候，不要灰心、不要气馁，更不要坐以待毙，勇往直前，无所畏惧，你我都可以“杀出一条血路”。

不经痛苦的忍耐，怎能有珍珠的璀璨

幸运、成功永远只能属于辛劳的人，有恒心不易变动的人，能坚持到底、绝不轻言放弃的人。

耐性与恒心是实现目标过程中不可缺少的条件，是发挥潜能的必要因素。耐性、恒心与追求结合之后，形成了百折不挠的巨大力量。

一位青年问著名的小提琴家格拉迪尼：“你用了多长时间学琴？”格拉迪尼回答：“20 年，每天 12 小时。”

我们与大千世界相比，或许微不足道、不为人知，但是我们能够耐心地增长自己的学识和能力，当我们成熟的那一刻、一展所能的那一刻，将会有惊人的成就。正如布尔沃所说的："恒心与忍耐力是征服者的灵魂，它是人类反抗命运、个人反抗世界、灵魂反抗物质的最有力支持。从社会的角度看，考虑到它对种族问题和社会制度的影响，其重要性无论怎样强调也不为过。"

凡事没有耐性，耐不住寂寞，不能持之以恒，正是很多人最后失败的原因。英国诗人布朗宁写道：

实事求是的人要找一件小事做，
找到事情就去做。
空腹高心的人要找一件大事做，
没有找到则身已故。
实事求是的人做了一件又一件，
不久就做一百件。
空腹高心的人一下要做百万件，
结果一件也未实现。

拥有耐力和恒心，虽然不一定能使我们事事成功，但却绝不会令我们事事失败。古巴比伦富翁拥有恒久的财富秘诀之一，便是保持足够的耐心，坚定发财的意志，所以他才有能力建设自己的家园。任何成就都来源于持久不懈的努力，要把人生看作一场持久的马拉松。整个过程虽然很漫长、很劳累，但在挥洒汗水的时候，我们已经慢慢接近了成功的终点。半路放弃，我们就必须要找到新的起点，那样我们只会更加迷失，可是如果能坚持原路行进，终点不会弃我们而去。也许，我们每个人的心里都有一个执着的愿望，只是一不小心把它丢失在了时间的蹉跎里，让天下间最容易的事变成了最难的事。然而，天下事最难的不过十分之一，能做成的有十分之九。要想成就大事大业的人，尤其要有恒心来成就它，要以坚韧不拔的毅力、百折不挠的精神、排除纷繁复杂的耐性、坚贞不变的气质，作为涵养恒心的要素，去实现人生的目标。

人这一辈子总有一个时期需要卧薪尝胆

人生不如意事十之八九，即使是一个十分幸运的人，在他的一生中也总有一个或几个时期处于十分艰难的情况下，总能一帆风顺的时候几乎没有。看一个人是否成功，我们不能看他成功的时候或开心的时候怎么过，而要看其在不顺利的时候，在没有鲜花和掌声的落寞日子里怎么过。有句话是这么说的："在前进的道路上，如果我们因为一时的困难就将梦想搁浅，那只能收获失败的种子，我们将永远不能品尝到成功这杯美酒芬芳的味道。"

在中国商界，史玉柱代表着一种分水岭。

他曾经是 20 世纪 90 年代最炙手可热的商界风云人物，但也因为自己的张狂而一赌成恨，血本无归。下了很大的决心后，史玉柱决定和自己的三个下属爬一次珠穆朗玛峰，那个他一直想去的地方。

"当时雇一个导游要 800 元，为了省钱，我们四个人什么也不知道就那么往前冲了。" 1997 年 8 月，史玉柱一行四人就从珠峰 5300 米的地方往上爬。要下山的时候，四人身上的氧气用完了。走一会儿就得歇一会儿。后来，又无法在冰川里找到下山的路。

"那时候觉得天就要黑了，在零下二三十摄氏度的冰川里，如果等到明天天亮肯定要冻死。"

许多年后，史玉柱把这次的珠峰之行定义为自己的"寻路之旅”。之前的他张狂、自傲，带有几分赌徒式的投机秉性。33 岁那年刚进入《福布斯》评选的中国大陆富豪榜前十名，两年之后，就负债 2.5 亿，成为“中国首负”，自诩是“著名的失败者”。珠峰之行结束之后，他沉静、反思，仿佛变了一个人。

不管在高耸入云的珠穆朗玛峰上，史玉柱找没找到自己的路，一番内心的跌宕都在所难免。不然，他不会从最初的中国富豪榜第 8 名沦落到“首负”之后，又发展到如今的百亿身价。其中艰辛常人必定难以体会。正因为如此，有人用“沉浮”二字去形容他的过往，而史玉柱从失败到重新崛起的经历，也值得我们长久地铭记。

20 世纪 90 年代，史玉柱是中国商界的风云人物。他通过销售巨人汉卡迅速赚取超过亿元的资本，凭此赢得了巨人集团所在地珠海市第二届科技进步特殊贡献奖。那时的史玉柱事业达到了顶峰，自信心极度膨胀，似乎没有什么事做不成。也就是在获得诸多荣誉的那年，史玉柱决定做点“刺激”的事：要在珠海建一座巨人大厦，为城市争光。

大厦最开始定的是 18 层，但后来大厦层数节节攀升，一直飚到 72 层。此时的史玉柱就像打了鸡血一样，明知大厦的预算超过 10 亿，手里的资金只有 2 亿，还是不停地加码。最终，巨人大厦的轰然倒地让不可一世的史玉柱尝尽了苦头。他曾经在最后的关头四处奔走寻求资金，但“所有的谈判都失败了”。

随之而来的是全国媒体的一哄而上，成千上万篇文章骂他，欠下的债也是个极其恐怖的数字。史玉柱最难熬的日子是 1998 年上半年，那时，他连一张飞机票也买不起。“有一天，为了到无锡去办事，我只能找副总借，他个人借了我一张飞机票的钱，1000

元。”到了无锡后，他住的是30元一晚的招待所。女招待员认出了他，没有讽刺他，反而给了他一盆水果。那段日子，史玉柱一贫如洗。如果有人给那时的史玉柱拍摄一些照片，那上面的脸孔必定是极度张狂到失败后的落寞，焦急、忧虑是史玉柱那时最生动的写照。

经历了这次失败，史玉柱开始反思。他觉得性格中一些张狂的成分是他失败的原因。他想找一个地方静静，于是就有了一年多的南京隐居生活。

在中山陵前面的一块地方，有一片树林，史玉柱经常带着一本书和一个面包到那里充电。那段时间，他读了毛泽东的书，包括第五次“反围剿”及长征的内容，在史玉柱看来，这些书都比较“悲壮”。那时，他每天十点多起床，然后下楼开车往林子那边走，路上会买好面包和饮料。下属在外边做市场，他只用手机遥控。晚上快天黑了就回去，在大排档随便吃一点，一天就这样过去了。

后来有人说，史玉柱之所以能“死而复生”，就是得益于那时候的“卧薪尝胆”。他是那种骨子里希望重新站起来的人。事业可以失败，精神上却不能倒下。经过一段时间的修身养性，他逐渐找到了自己失败的症结：之前的事业过于顺利，所以忽视了许多潜在的隐患。不成熟、盲目自大、野心膨胀，这些，就是他性格中的不安定因素。

他决心从头再来，此时，史玉柱身体里“坚强”的秉性体现出来。他在那次攀登珠峰以及多次“省心”之旅后踏上了负重的第二次创业。这次事业的起点是保健品脑白金。

因为之前的巨人大厦事件，全国上下已经没有几个人看好史玉柱。他再次的创业只是被更多的人看作赌徒的又一次疯狂。但脑白金一经推出，就迅速风靡全国，到2000年，月销售额达到1亿元，利润达到4500万。自此，巨人集团奇迹般地复活。虽然史玉柱还是遭到全国上下诸多非议，但不争的事实却是，史玉柱曾经的辉煌确实慢慢回来了。

赚到钱后，他没想到为自己谋多少私利，他做的第一件事就是还钱。这一举动，再次使其成为众人的焦点。因为几乎没有人能够想到史玉柱有翻身的一天，更没想到这个曾经输得一贫如洗的人能够还钱。但他确实做到了。

认识史玉柱的人，总说这些年他变化太大。怎么能没有变化呢？一个经历了大起大落的人，内心总难免泛起些波澜。而对于史玉柱，改变最多的，大概是心态和性格。几番沉浮，很少有人再看到他像早些年那样狂热、亢奋、浮躁，更多的是沉稳、坚忍和执着。即使是十分危急的关头，他也是一副胸有成竹、不慌不忙的样子。

回想自己早年的失败时，史玉柱曾特意指出，巨人大厦"死"掉的那一刻，他的内心极其平静。而现在，身价百亿的他也同样把平静作为自己的常态。只是，这已是两种不同的境界。前者的平静大概象征一潭死水，后者则是波涛过后的风平浪静。起起伏伏，沉沉落落，有些人生就是在这样的过程中变得强大和不可战胜。良好的性情和心态是事业成功的关键，少了它们，事业的发展就可能徒增许多波折。

人生难免有低谷的时候，在这样的时刻，我们需要的就是忍受寂寞，卧薪尝胆。就像当年越王勾践那样，三年的时间里，作为失败者他饱受屈辱，被放回越国之后，他选择了在寂寞中品尝苦胆，铭记耻辱，奋发图强，最终得以雪耻。

不要羡慕别人的辉煌，也不要眼红别人的成功，只要你能忍受寂寞，满怀信心地去开创，默默付出，相信生活一定会给你丰厚的回报。

美好的日子给你带来经历，阴暗的日子给你带来阅历

经济不景气，大学生刚毕业就待业；裁员、下岗、减薪……这些词汇每天都充斥在工薪阶层的耳旁，扰得人们寝食难安；消费水平提高、物价上涨、孩子上学问题、户口问题、买不起房子买不起车、租个房子还要整天面对苛刻的房东……面对如此尴尬的处境，人们不禁感叹：“这日子真的是没法过了。”

艰难的日子虽然让人焦头烂额，可是我们却没有办法选择别样的生活。既然改变不了，那么我们不如冷静地接受，认真地过好每一天，这样也许我们就会有很多意外的收获，生活也不会再让我们觉得痛苦了。

众所周知，王宝强是个在少林寺里拳来脚往生活了六年的孩子，因为克制不住内心梦想之火的燃烧，就决定出少林“闯荡江湖”了。他从少林寺伙房师傅的口中得知很多师兄弟都去了北京做武打替身，可以拍电影，还可以和很多大明星接触……被外面五彩缤纷的生活所吸引，也被心中的梦想所牵引，于是王宝强来到北京，开始了所谓的“北漂生活”。

实际上，我们可以想象得到，像王宝强这样没有什么学历和文凭的人，在“北漂”中注定是不能气定神闲的。他曾经自己回忆：“那个时候住排房，屋子很小，夏天非常拥挤，五六个师兄弟

挤在一个炕上。不过房租很便宜，一个月 100 块，每个人每月也就 20 块钱的租金。”可是，就算你空有一身好武功，也要有戏演才能维持生活。而实际上，只凭当替身的那点儿拳脚费，几乎无法维持生活。于是，那个时候的王宝强，几乎是“替身和民工”并存。

生活的艰难并没有动摇王宝强的信念，不管生活多难，他都咬紧牙关坚持着。接下去的两年里，他忽然和家里失去了联系。有一次访谈中，王宝强的哥哥说：“他到了北京忽然和家里失去了联系，信也没有，电话也没有，差不多将近两年的时间，我妈妈想他都快得病了。他忽然有一天打电话回来，说自己得了大奖，开始我们都还不信呢……”

王宝强的确曾经和家里失去联系，他说：“那个时候没有钱，就是没钱打电话。”“而且也不想打，没混出来个人样，觉得没法跟家里交代，没脸和家里人说。”就在那样孤独、艰难的岁月里，王宝强一面做“武替”，一面做民工，才勉强维持了自己的生活。有时候“武替”一天有几十块钱，有时候就只有一顿盒饭，

可是即便这样，王宝强也觉得挺好的，来了北京，能吃饱，还能长见识。

很多师兄都劝他：“宝强，咱回去吧。你说咱们武功也一般，长得也不好，还没什么文化，哪有导演愿意要咱们这样的呀。不是每个人都有李连杰那样的好运气的。”可是，倔强的王宝强就是不肯认输，抱定了“再难也要坚持下去”的观点，坚决要留在北京打拼。蒲松龄曾经写过这样的落第自勉联：“有志者，事竟成，破釜沉舟，百二秦关终属楚；苦心人，天不负，卧薪尝胆，三千越甲可吞吴。”不知道是不是因为他“愚公移山”的精神感动了上帝，好运终于飘然降临了。

李扬导演相中了他，电影《盲井》中的优秀表演让他一举成名，并荣获了当年金马奖最佳新人奖。随后，冯小刚导演找到了他，他和中国几位优秀的演员共同出演了《天下无贼》。那个憨厚的“傻根”让人们一下子记住了他的名字。王宝强的星途从此一帆风顺。

很多人认为王宝强之所以能越来越好，是因为他太幸运了。可是王宝强却说：“我并不是幸运的一个，能够有今天的成绩，是因为我一直没有放弃，尽管日子很难过，但是我一直在认真过好每一天。”

尽管在生活中，我们每个人都会遇到各种各样的磨难和考验，只有能够认真地过日子的人，才能在最后的关头突破自己，创造生活的奇迹。其实，生活中给予我们每个人的机会都是相同的，越是艰难的岁月，就越能提供给我们进步的空间。所以，不要总是抱怨日子不好过，只要我们坚持，认真地过好每一天，我们就能抓住希望。

阳光照不到你的生活，微笑着才发现沿途开满花朵

汪国真有诗云："我微笑着走向生活/无论生活以什么方式回敬我/报我以平坦吗/我是一条欢快奔流的小河/报我以崎岖吗/我是一座大山挺峻巍峨……"谁能说人生没有遗憾、没有失落，失落中之只伴随着忧郁，阳光照不到你的生活；只有微笑着走向生活，才发现原来沿途开满了花朵。

体会了没有脚的痛楚，才明白为没有鞋子而哭泣是多么浅薄；经历了归途的风雨坎坷，蓦然回首，才发现来时的路却是那样美丽的一种风景。

没有人能够完全把握前路的东西，但也没有理由不微笑着走向生活……

古语云："甘瓜苦蒂，物不全美。"从理念上讲，人们大都承认"金无足赤，人无完人"。正如世界上没有十全十美的东西一样，也不存在什么精灵通神的完人。但在认识自我、看待别人这一具体问题上，许多人仍然习惯于追求完美，求全责备，对自己要求样样都是，对别人也往往是全面衡量。

任何人总是有优点和缺点两个方面。俗话说："寸有所长，尺有所短。""十个手指不一般齐。"长处再多的人，也不免有所短；缺点再多的人，也必定有所长。

美国大发明家爱迪生，有一千多项发明，被誉为"发明大王"。但他在晚年时，却固执地反对交流输电，一味地主张直流输电；电影艺术大师卓别林创造了深刻而生活化的喜剧艺术形象，但他却极力反对有声电影；创立了《相对论》的20世纪伟大的科学家爱因斯坦，他的智慧带来了科学思想的革命，却不能处理好

自己的家庭关系……奥地利圆舞曲之王约翰·施特劳斯逝世100周年之际，一本新出版的传记以几百封从未曝光的书信为依据指出，这位创作了《蓝色多瑙河》等许多著名圆舞曲的施特劳斯，其实动作笨拙，不会跳舞；他还害怕阳光，非常胆小，也害怕黑暗，不敢独处，没有半点儿幽默感。真正的施特劳斯与众人想象中的活泼形象完全不同。

这些事实说明，大师、著名人物也都不是完人、超人，也不可能十全十美。他们的缺点和失误比之于他们给予人类的贡献，当然是次要的。但通过这些事实，我们应当明白，人无完人，人生必有缺憾，才是真实的，正常的。

维纳斯塑像的断臂，引得众多的学者、文人、工匠进行思考、论证、试验，想对“她”的断臂进行重新“安装”。可是，种种假设和计划均告失败。于是，围绕在维纳斯身上的神秘感越来越浓。作为爱神，断臂的维纳斯似乎更受人们的喜爱，也更能引起人们做种种的猜想和遐思。由此可见，并不完美的缺憾之处从某种意义上看不也是一种美吗？

所以，当缺憾也成为一种美的时候，面对生活中仅有的一些不顺利，你除了恬淡接受，泰然处之，还有什么其他的选择吗？

第五章

你有多勇敢的现在，就有多不惧的未来

——敢冲，才不枉青春

勇谋大事而失败，强如不谋一事而成功

生命是一连串的奇迹与不可能所组合而成的，未来会如何没有任何人能把握，冒险才是生命的真谛。

有一天，龙虾与寄居蟹在深海中相遇，寄居蟹看见龙虾正把自己的硬壳脱掉，只露出娇嫩的身躯。寄居蟹非常紧张地说：“龙虾，你怎可以把唯一保护自己身躯的硬壳也放弃呢？难道你不怕有大鱼一口把你吃掉吗？以你现在的情况来看，连急流也会把你冲到岩石上去，到时你不死才怪呢。”

龙虾气定神闲地回答：“谢谢你的关心，但是你不了解，我们龙虾每次成长，都必须先脱掉旧壳，才能生长出更坚固的外壳，现在面对的危险，只是为了将来发展得更好而做出的准备。”

寄居蟹细心思量一下，自己整天只找可以避居的地方，而没有想过如何令自己成长得更强壮，整天只活在别人的护荫之下，难怪自己永远都会被限制发展。

每个人都有一定的安全区，你想跨越自己目前的成就，请不要画地为牢。勇于接受挑战充实自我，才会发展得比想象中更好。

著名作家毕淑敏曾写道：“衰老很重要的标志，就是求稳怕变。所以，你想保持年轻吗？你希望自己有活力吗？你期待着清晨能在新生活的憧憬中醒来吗？有一个好办法——每天都冒一点险。”

在美国约塞米蒂国家公园，有一块垂直高度超过300米的大石，几乎是笔直的岩面，寸草不生。除了中段有个很小的岩洞可以栖身过夜外，整块石头可以说是毫无立足之地。只要光顾这里，导游就会指着这块光秃秃的石头对游客说：“有一位因登山而失去了双腿的登山运动家曾经攀上了这块石头。当时电视现场直播，盛况空前。”

这是怎样的一种人，怎样的一种精神。探险，对于当事人来说，并非寻求物质享受。正如张朝阳在珠峰脚下营地的日记所写：“我开始佩服那些勇敢攀登的人们；单只是虚荣心是无法支撑他们面对如此极端而危险的挑战，在那时刻，你不会想到成功归来的鲜花与喝彩；那……还有什么？那是对人生严肃认真态度的毅然选择！那是内心勇敢乐观的无言明证！那是对人类生命力强大的终极歌颂与赞叹！”

精神的力量，可以散布在人生的每一个角落。而这种体验也是一份生命的感动。

一位主管为了帮助一位长期保持稳定，但一直不愿晋升且无法突破的同事，煞费苦心却无法改变他。

有一天主管换了一种方式，问他的那位同事：“倘若你的独生子小学毕业时愿意继续留在原小学，而不愿升初中，理由是：如果这样的话，他就可以一直保持名列前茅的优势，而免除不及格和落后他人的顾虑。身为人父的你，会同意吗？”他不假思索地答道：“当然不行，怎么可以因为怕不及格和成绩单不好看而留级呢？上学的目的并不在成绩单，而在不断地学习与成长，考试与竞争的压力正是帮助学习与成长的最好方法。我绝对不会同意小孩留级，这样会害了小孩一辈子的。”

主管在旁边不断地点头微笑。最后话题一转，提醒他说：“身教重于言传，你自己应该是勇于接受挑战、突破竞争的时候了，别再担心无法达到目标及在与同行竞争中落后。如此因噎废食将使自己如同不愿升学的小孩，无形中遭到莫大的损失。”这位同仁在猛然顿悟之后果然接受忠告，以最快速度晋升高职，如同脱胎换骨一样。

每个人都会担心，怕定高目标后难以达到，怕晋升高职后比赛会输给人，但是唯有接受挑战与压力才能不断地突破与成长。因为，勇谋大事而失败，强如不谋一事而成功。

敢输才是真英雄

每个人都希望无论何时何时都站在适合自己的位置，说着该说的话，做着该做的事。但不经过挫折磨炼的人是不可能达到这种境界的，人总是要从自己的经历中汲取营养的。所以，做人要输得起。

输不起，是人生最大的失败。

人生就犹如战场。我们都知道，战场上的胜利不在于一城一池的得失，而在于谁是最后的胜利者；人生也是如此，成功的人不应只着眼于一两次成败，而是应该不断地朝着成功的目标迈进。当然，一两次的失败确实可能使你血本无归，甚至负债累累。最要紧的是不应该泄气，而是应该从中吸取教训，用美国股票大亨贺希哈的话讲：“不要问我能赢多少，而是问我能输得起多少。”只有输得起的人，才能不怕失败。

当然，我们不一定非要真正经历一次重大的失败，只要我们做好了认识失败的准备，“体验失败”一样能够带来刻骨铭心的教训，而那失败的起点比那些从来没有过失败经历的人要高得多，并且失败越惨痛，起点则越高。

贺希哈17岁的时候，开始自己创业，他第一次赚大钱，也是第一次得到教训。那时候，他只有255美元。在股票的场外市场做一名投资客，不到一年，他便发了第一笔财：他赚了16.8万美元。他替自己买了第一套像样的衣服，在长岛买了一幢房子。

随着第一次世界大战的结束，贺希哈以随着和平而来的大减价，顽固地买下了隆雷卡瓦那钢铁公司。结果呢？他说：“他们把我剥光了，只留下4000美元给我。”贺希哈最喜欢说这句话，“我犯了很多错，一个人如果说不会犯错，他就是在说谎。但是，我如果不犯错，也就没有办法学到乖。”这一次，他学到了教训，“除非你了解内情，否则，绝对不要买大减价的东西。”

1942年，他放弃证券的场外交易，去到未列入证券交易所买卖的股票生意。起先，他和别人合资经营，一年之后，他开设了自己的贺希哈证券公司。到了1928年，贺希哈做了股票投资客的经纪人，每个月可赚到25万美元的利润。

但是，比他这种赚钱的本事更值得称道的，就是他能够悬崖勒马，遇到不对劲的情况，能悄悄回顾从前的教训。在1929年灿烂的春天，正当他想付50万美元，在纽约的证券交易所买股票，不知道什么原因，把他从悬崖边缘拉了回来。贺希哈回忆这件事情说：“当你知道医生和牙医都停止看病而去做股票投机生意的时候，一切就都完了。我能看得出来。大户买进公共事业的股票，又把它们抬高。我害怕了，我在8月全部抛出。”他脱手以后，净得40万美元。

1936年是贺希哈最冒险，也是最赚钱的一年。安大略北方，早在人们淘金发财的那个年代，就成立了一家普莱史顿金矿开采公司。这家公司在一次大火灾中焚毁了全部设备，造成了资金短缺，股票跌到不值5分钱。有一个叫陶格拉斯的地质学家，知道贺希哈是个思维敏捷的人，就把这件事告诉了他。贺希哈听了以后，拿出2.5万美元做试采计划。不到几个月，黄金掘到了，仅离原来的矿坑25英尺。

普莱史顿股票开始往上爬的时候，海湾街上的大户以为这种股票一定会跌下来，所以纷纷抛出。贺希哈却不断买进，等到他买进普莱史顿大部分股票的时候，这种股票的价格已超过了两马克。

这座金矿，每年毛利达250万美元。贺希哈在他的股票继续上升的时候，把普莱史顿的股票大量卖出，自己留了50万股，这50万股等于他一个钱都没花，白捡来的。

这位手摸到什么东西都会变成黄金的人，也有他的麻烦。1945年，贺希哈的菲律宾金矿赔了300万，他发现自己给民族主义原则和币制的限制做砸了，这也使他尝到了另一次教训："你到别的国家去闯事业，一定要把一切情况弄清楚。"

20世纪40年代后期，他对铀发生了兴趣，比他从前的任何一项事业都更吸引他。他研究加拿大寒武纪以前的岩石情况，研究铀裂变痕迹，也懂得了测量放射作用的盖氏计算器。1949至1954年，他在加拿大巴斯卡湖地区买下了470平方英里蕴藏铀的土地，成立了第一家私人资金开采铀矿的公司，不久，他聘请朱宾负责他的矿务技术顾问公司。

这是一个许多人探测过的地区。勘探矿藏的人和地质学家都到这块充满猎物的土地上开采过。大家都注意着盖氏计算器的结果，他们认为只有很少的铀。

朱宾对于这些理论都同意。但是，他注意到了一些看起来是无关紧要的“细节”。有一天，他把一块旧的艾戈码矿苗加以试验，看看有没有铀元素。结果，发现稀少得几乎没有。这样，他知道自己已经找到了原因。原来就是，土地表面的雨水、雪和硫矿把这盆地中放射出来的东西不是掩盖住就是冲洗殆尽了。而且，盖氏计算器也曾测量出，这块地底下确实藏有大量的铀。他向十几家矿业公司游说，劝他们做一次钻探。但是，大家都认为这是徒劳的。朱宾就去找贺希哈。

1953 年 3 月 6 日钻探开始。贺希哈投资了 3 万美元。结果，在 5 月间一个星期六的早晨，得到报告说，56 块矿样品里，有 50 块含有铀。

一个人怎样才会成功，这是很难分析的。但是，在贺希哈身上，我们可以分析出一点因素，那就是他自己定的一个简单公式：输得起才赢得起，输得起才是真英雄！

微小的勇气能赢得巨大的成功

美国心理学家斯科特・派克说：不恐惧不等于有勇气；勇气是你尽管害怕，尽管痛苦，但还是继续向前走。在这个世界上，只要你真实地付出，就会发现许多门都是虚掩的！微小的勇气，能够完成无限的成就。

不卑不亢无论是对事还是对人都有一种极强的穿透力，如果你很幸运与生俱来就有这种品性，那么很值得恭贺；如果你还没有养成这种性格，那么尽快培养吧，人的一生很需要它！

有一个国王，他想委任一名官员担任一项重要的职务，就召集了许多威武有力和聪明过人的官员，想试试他们之中谁能胜任。

“聪明的人们，”国王说，“我有个问题，我想看看你们谁能在这种情况下解决它。”国王领着这些人来到一座大门——一座谁也没见过的最大的门前。国王说：“你们看到的这座门是我国最大最重的门。你们之中有谁能把它打开？”许多大臣见了这门都直摇头，其他一些比较聪明一点的，也只是走近看了看，没敢去开这门。当这些聪明人说打不开时，其他人也都随声附和。只有一位大臣，他走到大门处，用眼睛和手仔细检查了大门，用各种方法试着去打开它。最后，他抓住一条沉重的链子一拉，门竟然开了。其实大门并没有完全关死，而是留了一条窄缝，任何人只要仔细观察，再加上有胆量去开一下，都会把门打开的。国王说：“你将要在朝廷中担任重要的职务，因为你不只限于你所见到的或所听到的，你还有勇气靠自己的力量冒险去试一试。”

斯通是“美国联合保险公司”的主要股东和董事长。同时，也是另外两家公司的大股东和总裁。

然而，他能白手起家，创造出如此巨大的事业却是经历了无数次磨难的结果，或者我们可以这样说，斯通的发迹史也是他有勇气的结果。

在斯通还是个孩子时，就为了生计到处贩卖报纸。有家餐馆把

他赶出来好多次，他却一再地溜进去，并且手里拿着更多的报纸。那里的客人为其勇气所感动，纷纷劝说餐馆老板不要再把他踢出去，并且都解囊买他的报纸。

斯通一而再再而三地被踢出餐馆，屁股虽然被踢痛了，但他的口袋里却装满了钱。

斯通常常陷入沉思。“哪一点我做对了呢？”“哪一点我又做错了呢？”“下一次，我该这样做，或许不会挨踢。”就这样，他用自己的亲身经历总结出了引导自己达到成功的座右铭：“如果你做了，没有损失，而可能有大收获，那就放手去做。”

当斯通 16 岁时，在一个夏天，在母亲的指导下，他走进了一座办公大楼，开始了推销保险的生涯。当他因胆怯而发抖时，他就用卖报纸时被踢后总结出来的座右铭来鼓舞自己。

就这样，他抱着“若被踢出来，就试着再进去”的念头推开了第一间办公室。

他没有被踢出来。那天只有两个人买了他的保险。就数量而言，他是个失败者。然而，这是个零的突破，他从此有了自信，不再害怕被拒绝，也不再因别人的拒绝而感到难堪。

第二天，斯通卖出了四份保险。第三天，这一数字增加到了六份……

20 岁时，斯通设立了只有他一个人的保险经纪社。开业第一天，他销出了 54 份保险单。有一天，他更创造了一个令人瞠目的纪录——122 份。以每天 8 小时计算，每 4 分钟就成交一份。

在不到 30 岁时，他已建立了庞大的女经纪社，成为令人叹服的“推销大王”。

微小的努力能带来巨大的成功，想想当初如果斯通没有胆量去推开门，那他就不会有今日的成功。

1968 年，在墨西哥奥运会百米赛道上，美国选手吉·海因斯撞线后，转过身子看运动场上的计时长牌，当指示灯显示 9.95 的字样后，海因斯摊开双手自言自语地说了一句话，这一情景后来通过电视直播，全世界至少有几亿人看到，但由于当时他身边没有话筒，海因斯到底说了什么，谁都不知道。直到 1984 年洛杉矶奥运会前夕，一名叫戴维·帕尔的记者在办公室回放奥运会资料时好奇心大现，找到海因斯询问此事时这句话才被破译了出来。原来，自欧文创造了 10.3 秒的成绩后，医学界断言，人类肌肉纤维承载的运动极限不会低于 10 秒。所以当海因斯看到自己 9.95 秒的纪录之后，自己都有些惊呆了，原来 10 秒这个门不是紧锁的，它虚掩着，就像终点那根横着的绳子。于是兴奋的海因斯情不自禁地说道："上帝啊！那扇门原来是虚掩着的。"

是啊，成功和失败之间就隔着一道虚掩的门，以小小的勇气去推开它，生活就会完全不一样。

胆识是决战人生的利器

优秀的人需要勇气，需要胆识，需要气魄，需要开拓进取，去做别人不敢做的事。这种胆识是一种大智大勇，有了它我们才可以力挽狂澜。

台塑集团成立之初，碰到了一个极大的难题：公司生产的塑胶粉居然一斤也卖不出去，全部堆积在仓库里。创办人王永庆经过调查后，得出结论：产品销不出去的根本原因是价格太贵。

原来，王永庆在计划投资生产塑胶粉时，预计每吨的生产成本在800美元左右，而当时的国际行情价是每吨1000美元，有利可图。然而，市场是变化无常的，等台塑建成投产后，国际行情价已经跌至800美元以下。而台塑因为产量少，每吨生产成本在800美元以上，显然不具备竞争力；加上当时外销市场没打开，台湾岛内仅有的两家胶布机需求量不大，且觉得台塑的塑胶粉品质欠佳，拒绝采用。因此，台塑的产品严重滞销也就可想而知了。

为了解决这一困境，王永庆决定：扩大生产，降低成本。

在产品严重积压时扩大生产，显然有违常理，因此，王永庆的决定受到公司内外纷纷反对。公司内部的反对意见更是激烈，他们主张请求"当局"管制进口加以保护，否则，以现有的产量都已经销不出去，增加产量不是会造成更加沉重的库存压力吗？

王永庆认为，靠"当局"保护是治标不治本的短视行为，要想在市场上长期立足，唯一的办法就是增强自身竞争力。扩大生产虽然不一定能保证成功，但至少强于坐以待毙。

1958年，在王永庆的坚持下，台塑进行了第一次扩建工程，使月产量在原先100吨的基础上翻了一番，达到200吨。

然而，在台塑扩建增产的同时，日本许多塑胶厂的产量也在成倍增加，成本降幅比台塑更大。相比之下，台塑公司的产品成本还是偏高，依然不具备市场竞争力。怎么办？王永庆决定继续增产。不过，增产多少呢？如果一点一点往上加，始终落在别人后面，仍然不能改变被动局面，不如一步到位。

为此，王永庆召集公司的高层干部以及专门从国外请来的顾问共商对策。会上，有人提议，在原来的基础上再扩增一倍，即提高至月产量400吨；外国顾问则提出增至600吨。

王永庆提议：增至1200吨。这一数字惊得在场的所有人直发呆，他们怀疑是不是听错了。

外国顾问再次建议：“台塑最初的规模只有100吨，要进行大规模的扩建，设备就得全部更新。虽然提高到1200吨，成本会大大降低，但风险也随之增大。因此，600吨是一个比较合理而且保险的数字。”他的意见得到大多数人认同。

王永庆坚持认为：“我们的仓库里，积压产品堆积如山，究其原因是价格太高。现在，日本的塑料厂月产量达到5000吨，如果我们只是小改造，成本下不来，仍然不具备竞争能力，结果只有死路一条。我们现在是骑在老虎背上，如果掉下来，后果不堪设想。只有竭尽全力，将老虎彻底征服！”

终于，王永庆的胆识与气魄征服了所有的人，包括外国顾问在内，都投了赞成票。

1960年，台塑的第二期扩建工程如期完成，塑胶粉的月产量激增至1200吨，成本果然大幅度降低，从而具备了市场竞争的条件。此后，台塑的产品不但逐渐垄断了台湾岛内市场，而且漂洋过海，在国际市场上站稳了脚跟，并逐步拓展领地，成为世界塑胶业的“霸主”。

与众不同的胆识是王永庆抓住机遇、扭转乾坤的最大财富。在危难的时候，是胆识让人坚定、明智地做出别人不敢做的决定。它不是鲁莽和自负，而是胸有成竹的胆识。有位法国哲学家曾经提出这样一个例证：假定有一匹驴子站在两堆同样大、同样远的干草之间，如果它不能决定应该先吃哪堆干草，它就会饿死在两堆干草之间。

事实上，现实生活中的驴子是绝对不会在这样的情境中饿死的，它会很快地做出决定。但是，你又不得不承认真有那么些人，在需要他们出主意、想办法、做决定的时候，却像例证中的驴子那样束手无策，窘迫得进退两难。

在人生旅途中，有许多事需要我们做出决策。

遇事当断则断，当行则行，当止则止，在复杂环境和逆境中能及时做出各种应变和决策，绝不含糊和拖泥带水，这是一个能应付命运挑战的人必备的心理素质。

胆识，是理性的创造，是合乎规律的举动。

胆识过人，才能产生惊人的效益，开拓骄人的新局面。

狭路相逢勇者胜

19 世纪，在英国的名门公立学校——哈罗学校，常常会出现以强凌弱、以大欺小的事情。

有一天，一个强悍的高个子男生，拦在一个新生的面前，颐指气使地命令他替自己做事，新生初来乍到，不明白其中“原委”，断然拒绝。高个子恼羞成怒，一把揪住新生的领子，劈头盖脸地打起来，嘴里还骂骂咧咧：“你这小子，为了让你聪明点，我得好好开导开导你！”新生痛得龇牙咧嘴，却不肯乞怜告饶。

旁观的学生或者冷眼相看，或者起哄嬉笑，或者一走了之。只有一个外表文弱的男生，看着这欺凌的一幕，眼里渐渐涌出了泪水，终于忍不住嚷起来：“你到底还要打他几下才肯罢休！”

高个子朝那个又尖又细的抗议的声音望去，一看也是个瘦弱的新生，就恶狠狠地骂道：“你这个不知天高地厚的家伙，问这个干吗？”

那个新生用眼睛盯着他，毫不畏惧地回答：“不管你还要打几下，让我替他忍受一半的拳头吧。”

高个子听到这出人意料的回答，不禁怯懦地停住了手。

从这以后，学校里反抗恶行暴力的声音开始响起，帮助弱者的善举也逐渐增多，两个新生也成为了莫逆之交。那位被殴打的少年，深感爱与善的可贵，后来成为英国颇负盛名的大政治家罗伯特·比尔；挺身而出、愿为陌生弱者分担痛苦的，则是扬名全世界的大诗人拜伦。

人生途中，我们也需要像拜伦一样，在别人只是畏惧地逃避，或幸灾乐祸地观看时，能够拿出罕有的勇气，为了善，为了爱，也为了启迪和震撼那些冷漠的心灵。

现实世界的很多斗争都是勇气的较量，常常是勇者得胜。只有具备一颗勇敢的心，我们才能发挥出超过平时双倍的力量，什么都不顾地冲向前方，甚至一鼓作气地到达终点。这就是人们在危急时刻才能爆发出巨大潜力的原因。

我国宋代柳宗元的《黔之驴》的故事是这样的：

贵州本没有驴，有个喜欢多事的人用船运进一头驴来，运来之后却没有什么用途，就把它放在山脚下。一只老虎看到它是个形体高大、强壮的家伙，就把它当成神奇的东西了，隐藏在树林中偷偷观看。过了一会儿，老虎渐渐靠近它，小心翼翼，不知道它究竟是个什么东西。

有一天，驴大叫起来，老虎吓了一大跳，逃得远远的，认为驴子将要咬自己了，非常害怕。可是老虎来来回回地观察它，觉得它没有什么特殊本领。渐渐听惯了它的叫声，又试探地靠近它，在它周围走动，但终究不敢向驴进攻。老虎又渐渐靠近驴子，进一步戏弄它，碰闯、依靠、冲撞、冒犯它。驴禁不住发起怒来，用蹄子踢老虎。老虎因而很高兴，心里盘算着说：“它的本事不过如此罢了！”于是跳起来大声吼着，咬断驴的喉咙，吃光它的肉，然后才离开。

如果故事中的老虎被驴的叫声吓跑，再也不敢接触它，那老虎就永远不能享受这顿美餐。道理显而易见，面对敌人一定要勇敢，你强他就弱，你弱他就强，很多时候，敌对双方的较量其实就是心理上的较量。缺乏勇敢永远不会有大的成就。勇敢面对你的敌人，有时你发现其实你并不懦弱，而且还会有超出你想象的强大力量。正如歌德所说：“你若失去了财产，你只失去了一点；你若失去了荣誉，你就丢掉了许多；你若失掉了勇敢，你就把一切都失掉了！”如果你想得到，一定要具有勇敢地面对困难的态度。狭路相逢勇者胜，为了胜利一定要保持勇敢。

敢“秀”才会赢

古人所言“沉默是金”的年代，早已一去不复返，现代人如果不懂适时地包装好自己的形象，把握机会推销自己，就很难有出人头地的机会。

有个有名的才女，不但琴棋书画无所不通，口才与文采也是无人可与之比肩。大学毕业后，在学校的极力推荐下她去了一家小有名气的杂志社工作。谁知就是这样的一个让学校都引以为傲的人物，在杂志社工作不到半年就被炒了鱿鱼。

原来，在这个人才济济的杂志社内，每周都要召开一次例会，讨论下一期杂志的选题与内容。每次开会很多人都争先恐后地表达自己的观点和想法，只有她总是悄无声息地坐在那里一言不发。

她原本有很多好的想法和创意，但是她有些顾虑，一是怕自己刚刚到这里便“妄开言论”，被人认为是张扬，是锋芒毕露；二是怕自己的思路不合主编的口味，被人看作为幼稚。就这样，在沉默中她度过了一次又一次激烈的争辩会。有一天，她突然发现，这里的人们都在力陈自己的观点，似乎已经把她遗忘了。于是她开始考虑要扭转这种局面。但这一切为时已晚，没有人再愿意听她的声音了，在所有人的心中，她已经根深蒂固地成了一个没有实力的人物。最后，她终于因自己的过分沉默而失去了这份工作。

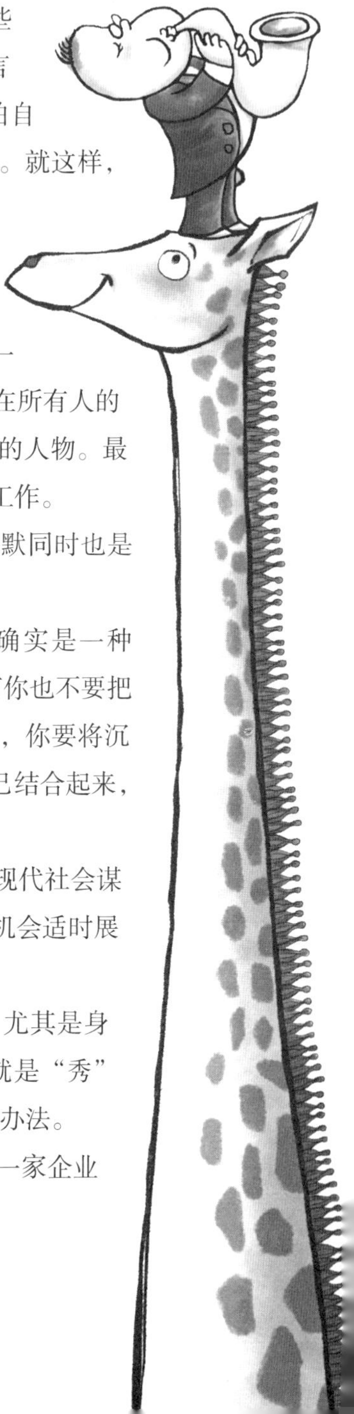

我们常说沉默是金，但也不能忘了，沉默同时也是埋没天才的沙土。

或许在某种特殊的场合下，沉默谦逊确实是一种“此时无声胜有声”的制胜利器，但无论如何你也不要把它处处当作金科玉律来信奉。在人才竞争中，你要将沉默、踏实、肯干、谦逊的美德和善于表现自己结合起来，才能更好地让别人赏识你。

记住：再好的酒也怕巷子深。如果想在现代社会谋得一席之地，除了自己努力之外，还要把握机会适时展现自己的优点。

现在是一个讲究张扬自己个性的时代，尤其是身处职场的人们，在关键时刻恰当地张扬也就是“秀”（show）一下，不失为一个引起领导注意的好办法。

一位刚从管理系毕业的美国大学生去见一家企业

的老板，试图向这位总经理“推销”自己——到该企业工作。

由于这是一家很有名气的大公司，总经理又见多识广，根本没把这个初出茅庐、乳臭未干的小伙子放在眼里。没谈上几句，总经理便以不容商量的口吻说：“我们这里没有适合你的工作。”

这位大学生并未知难而退，而是话锋一转，柔中带刚地向这位经理发出了疑问：“总经理的意思是，贵公司人才济济，已完全可以使公司得到成功发展，外人纵有天大本事，似乎也无须加以利用。再说像我这种管理系毕业生是否有成就还是个未知数，与其冒险使用，不如拒之于千里之外，是吗？”

总经理沉默了几分钟，终于开口说：“你能将你的经历、想法和计划告诉我吗？”

年轻人似乎很不给面子，他又将了总经理一军：“噢！抱歉，抱歉，我方才太冒昧了，请多包涵！不过像我这样的人还值得一谈吗？”

总经理催促着说：“请不要客气。”

于是，年轻人便把自己的情况和想法说了出来。总经理听后，态度变得和蔼起来，并对年轻人说：“我决定录用你，明天来上班，请保持这种热情和毅力，好好在我公司干吧！相信你有用武之地。”

勇气在哪里，生命就在哪里

“应当惊恐的时候，是在不幸还能弥补之时；在它们不能完全弥补时，就应以勇气面对。”

从著名女作家乔治·艾略特的自传中，人们终于知道了她为什么没有与赫伯特·斯宾塞结婚。那不是她的错，因为她非常爱他，非常想与他结婚。他们有很多共同之处，他也追求她很多年，很多人都以为他们会结婚。

有一天，斯宾塞用抛硬币来决定是否结婚，他事先想好，如果是正面就结婚，如果是反面就不结婚。结果硬币是反面，他决定不结婚。这个决定既残酷，又草率。这深深地伤害了艾略特，因为她深深地爱着他，也期待着他的爱。她很痛苦。

在心碎数月之后，她写信给一位朋友说："我很好，很'勇敢'，我本来想把这个词换成'快乐'的。"当然，她也是幸运的，因为斯宾塞冷酷、抽象而又易怒。如果他们结婚，她所受到的痛苦可能更大。

实际上，这可以称得上是一种幸运的解脱方式。斯宾塞的个性僵硬，很多人认为他的哲学也是僵硬的。用抛硬币来决定终身大事，这样的行为如果不是出于自私，就是他的心理有问题。由于斯宾塞一生未婚，可以说，对于其他女性来说，这也是幸运的。

当我们知道"勇气"可以代替"快乐"时，我们是幸运的，只是因为它揭示了生活中的一个事实。虽然我们失去了一些东西，但是，我们同时也有所得。即使我们没有运气，我们也可以有勇气。幸运也是变幻无常的，它会赋予一个人名声，赋予另一个人财富，并且可以毫无理由。勇气却是一个稳定而又可以依靠的朋友，只要我们信任它。

有句古老的谚语说："生来就拥有财富还不如生来就有好运。"这句话说得也许正确，但是，如果生来就拥有勇气则会更好。财富可能会挥霍一空，好运可能会掉头而去，而勇气则会常伴你左右。

正像乔治·艾略特面对失恋的痛苦一样，让我们用笑脸来迎接悲惨的厄运，用百倍的勇气来应付一切的不幸。勇气在哪里，成功就在哪里；勇气在哪里，生命就在哪里。

该出手时决不犹豫

《致富时代》杂志上，曾刊登过这样一个故事：

有一个自称“只要能赚钱的生意都做”的年轻人，在一次偶然的机会，听人说市民缺乏便宜的塑料袋装垃圾。他立即就进行了市场调查，认为有利可图，马上着手行动，很快把价廉物美的塑料袋推向市场。靠那条别人看来一文不值的“垃圾袋”的信息，两星期内，这位小伙子就赚了 4 万块。

相反，一位智商一流、执有大学文凭的翩翩才子决心“下海”做生意。

有朋友建议他炒股票，他豪情冲天，但去办股东卡时，他又犹豫道：“炒股有风险啊，等等看。”

又有朋友建议他到夜校兼职讲课，他很有兴趣，但快到上课了，他又犹豫了：“讲一堂课，才 20 块钱，没有什么意思。”

他很有天分，却一直在犹豫中度过。两三年了，一直没有“下”过海，碌碌无为。

一天，这位“犹豫先生”到乡间探亲，路过一片苹果园，望见满眼都是长势茁壮的苹果树，禁不住感叹道：“上帝赐予了一块多么肥沃的土地啊！”种树人一听，对他说：“那你就来看看上帝怎样在这里耕耘吧。”

有些人不是没有成功立业的机遇，只因不善抓机遇，所以最终错失机遇。他们做人好像永远不能自主，非有人在旁扶持不可，即使遇到任何一点小事，也得东奔西走地去和亲友邻人商量，同时脑子里更是胡思乱想，弄得自己一刻不宁。于是愈商量、愈打不定主意、愈东猜西想、愈是糊涂，就愈弄得毫无结果，不知所终。

没有判断力的人，往往使一件事情无法开场，即使开了场，也无法进行。他们的一生，大半都消耗在没有主见的怀疑之中，即使给这种人成功的机遇，他们也永远不会达到成功的目的。

一个成功者，应该具有当机立断、把握机遇的能力。他们只要自己把事情审查清楚，计划周密，就不再怀疑，立刻勇敢果断地行事。因此任何事情只要一到他们手里，往往能够随心所欲，大获成功。在行动前，很多人提心吊胆，犹豫不决。在这种情况下，首先你要问自己："我害怕什么？为什么我总是这样犹豫不决，抓不住机会？"

在成功之路上奔跑的人，如果能在机遇来临之前就能识别它，在它消逝之前就果断采取行动占有它，这样，幸运之神就来到你的面前。

当机立断，将它抓获，以免转瞬即逝，或是日久生变。看来，握住机遇，眼力和勇气是不可缺少的。

机遇是一位神奇的、充满灵性的，但性格怪僻的天使。它对每一个人都是公平的，但绝不会无缘无故地降临。只有经过反复尝试，多方出击，才能寻觅到它。

在通往成功的道路上，每一次机会都会轻轻地敲你的门。不要等待机会去为你开门，因为门闩在你自己这一面。机会也不会跑过来说"你好"，它只是告诉你"站起来，向前走"。知难而退，优柔寡断，缺乏勇往直前的勇气，这便是人生最大的遗憾。

要善于发现机会。很多的机会好像蒙尘的珍珠，让人无法一眼看清它华丽珍贵的本质。踏实的人并不是一味等待的人，要学会为机会拭去障眼的灰尘。

也要善于把握机会。没有一种机会可以让你看到未来的成败，人生的妙处也在于此。不通过拼搏得到的成功就像一开始就知道真正凶手的悬案电影般索然无味。选择一个机会，不可否认有失败的可能。将机会和自己的能力对比，合适的紧紧抓住，不合适的学会放弃。用明智的态度对待机会，也用明智的态度对待人生。

不要为自己找借口了，诸如别人有关系、有钱，当然会成功；别人成功是因为抓住了机遇，而我没有机遇，等等。

这些都是你维持现状的理由，其实根本原因是你根本没有什么目标，没有勇气，你是胆小鬼，你根本不敢迈出成功的第一步，你只知道成功不会属于你。

如果一生只求平稳，从不放开自己去追逐更高的目标，从不展翅高飞，那么人生便失去了意义。

这是一条生活准则，从你停止把握机会的那一刻起，你就开始死亡了。如果在商业中你总是毫无变化地做相同的事，那你就会破产。如果我们的行为同我们的祖先一样，那么进化过程就会停滞不前。世界会与你擦肩而过——它只为那些不断超越现状的人打开通向成功的大门。

人对于改变，多多少少会有一种莫名的紧张和不安，即使是面临代表进步的改变也会这样，这就是害怕冒风险造成的。

但丁在《神曲》中描述了这样一个细节：但丁在古罗马诗人维吉尔的引导下，游历了惨烈的九层地狱后来到炼狱，一个魂灵呼喊他，他便转过身去观望。这时导师维吉尔这样告诉他：“为什么你的精神分散？为什么你的脚步放慢？人家的窃窃私语与你何干？走你的路，让人们去说吧！要像一座卓立的塔，绝不因暴风雨而倾斜。”

克服犹豫不决的方法是，先“排演”一场比你要面对的更复杂的战斗。如果手上有棘手事而自己又犹豫不决，不妨挑件更难的事先做。生活中挑战你的事情，你定可以用来挑战自己。这样，你就可以自己开辟一条成功之路。成功的真谛是：对自己越苛刻，生活对你越宽容；对自己越宽容，生活对你越苛刻。

只要你认准了路，确立好人生的目标，就永不回头，“该出手时就出手”，向着目标，心无旁骛地前进，相信你一定会到达成功的彼岸。

勇敢地做自己的上帝

人生总是会遇到不顺的情况，很多人处于不利的困境时总期待借助别人的力量改变现状，殊不知，在这个世界上，最可靠的人不是别人，而是你自己，为何总想着依赖别人，而不是依赖自己呢？在这个世界上，你要勇敢地做你自己的上帝，因为，你的命运只能由你自己来主宰。

从事个性分析的专家罗伯特·菲利浦有一次在办公室接待了一位因自己开办的企业倒闭、负债累累、离开妻女四处为家的流浪者。那人进门打招呼说：“我来这儿，是想见见这本书的作者。”说着，他从口袋里拿出一本名为《自信心》的书，那是罗伯特多年前写的。流浪者说：“一定是命运之神在昨天下午把这本书放入我的口袋里的，因为我当时决定跳入密歇根湖，了此残生。我已经看破一切，认为一切已经绝望，所有的人（包括上帝在内）已经抛弃了我。但还好，我看到了这本书，它使我产生了新的看法，为我带来了勇气及希望，并支持我度过昨天晚上。我已下定决心，只要我能见到这本书的作者，他一定能协助我再度站起来。现在，我来了，我想知道你能替我这样的人做些什么。”

在他说话的时候，罗伯特从头到脚打量着这位流浪者，发现他眼神茫然、神态紧张。这一切都显示，他已经无可救药了，但罗伯特不忍心对他这样说。因此，罗伯特请他坐下，要他把自己的故事完完整整地说出来。

听完流浪汉的故事，罗伯特想了想，说：“虽然我没有办法帮助你，但如果你愿意的话，我可以介绍你去见一个人，他可以帮助你赚回你所损失的钱，并且协助你东山再起。”罗伯特刚说完，流浪汉立刻跳了起来，抓住他的手，说道：“看在上天的分上，请带我去见这个人。”

他会为了“上天的分”而提此要求，显示他心中仍然存在着一丝希望。所以，罗伯特拉着他的手，引导他来到从事个性分析的心理试验室，和他一起站在一块窗帘之前。罗伯特把窗帘拉开，露出一面高大的镜子，罗伯特指着镜子里的流浪汉说：“就是这个人。在这个世界上，只有这个人能够使你东山再起，除非你坐下来，彻底认识这个人——当作你从前并未认识他——否则，你只能跳到密歇根湖里。因为在你对这个人未做充分的认识之前，对于你自己或这个世界来说，你都将是一个没有任何价值的废物。”

流浪汉朝着镜子走了几步，用手摸摸他长满胡须的脸孔，对着镜子里的人从头到脚打量了几分钟，然后后退几步，低下头，开始哭泣起来。过了一会儿，罗伯特领他走出电梯间，送他离去。

几天后，罗伯特在街上碰到了这个人。他不再是一个流浪汉形象，他西装革履，步伐轻快有力，原来的衰老、不安、紧张已经消失不见。他说，感谢罗伯特先生让他找回了自己，并很快找到了工作。

后来，那个人真的东山再起，成为芝加哥的富翁。

人要勇敢地做自己的上帝，因为真正能够主宰自己命运的人就是自己，当你相信自己的力量之后，你的脚步就会变得轻快，你就会离成功的目标越来越近。只有做自己的上帝，你才能充分发挥你自身的潜能。如果你还在等待别人的帮助，那就在这一刻改变吧。

从21世纪人才的竞争来看，社会对人才素质的要求是很高的，除了具备良好的身体素质和智力水平，还必须具备生存意识、竞争意识、科技意识，以及创新意识。这就要求我们从现在开始注重对自己各方面能力的培养，只有使自己成为一个全面的、高素质的人，才可能在未来的竞争中站稳脚跟，取得成功。

人若失去自我，是一种不幸；人若失去自主，则是人生最大的缺憾。赤、橙、黄、绿、蓝、靛、紫，每个人都应该有自己的一片天地和特有的亮丽色彩。你应该果断地、毫无顾忌地向世人宣告并展示你的能力、你的风采、你的气度、你的才智。在生活的道路上，必须自己做选择，不要总是踩着别人的脚印走，不要总是听凭他人摆布，而要勇敢地驾驭自己的命运，调控自己的情感，做自己的主宰，做命运的主人。

善于驾驭自我命运的人，是最幸福的人。只有摆脱了依赖，抛弃了拐杖，具有自信、能够自主的人，才能走向成功。自立自强是走入社会的第一步，是打开成功之门的金钥匙。

真正的自助者是令人敬佩的觉悟者，他会藐视困难，而困难也会在他面前轰然倒地。

行动起来，因为只有你自己才能真正帮助自己。依赖别人，不如期待自己。

理性的勇敢才是最值得称道的勇敢

勇敢的定义只有一个，但勇敢的表现却可能多种多样。

有这样一个故事：

老板招聘雇员，有三人应聘。老板对第一个应聘者说："楼道有个玻璃窗，你用拳头把它击碎。"应聘者执行了，幸亏那不是一块真玻璃，不然他的手就会严重受伤。老板又对第二个应聘者说："这里有一桶脏水，你把它泼到清洁工身上去。她此刻正在楼道拐角处那个小屋里休息。你不要说话，推开门泼到她身上就是了。"这位应聘者提着脏水出去，找到那间小屋，推开门，果见一位女清洁工坐在那里。他也不说话，把脏水泼在她头上，回头就走，向老板交差。老板此时告诉他，坐在那里的不过是个蜡像。老板最后对第三个应聘者说："大厅里坐着个胖子，你去狠狠击他两拳。"这位应聘者说："对不起，我没有理由去击他；即便有理由，我也不能用击打的方法。我因此可能不会被您录用，但我也不执行您这样的命令。"此时，老板宣布，第三位应聘者被聘用，理由是他是一个勇敢的人，也是一个理性的人。他有勇气不执行老板荒唐的命令，当然也更有勇气不执行其他人荒唐的命令了。

戴高乐将军也碰到过这样的勇敢者。那是1965年，法国发生民变，巴黎的学生、市民走上街头，要求当时任总统的戴高乐下台。戴高乐黔驴技穷，来到德国的巴登——法军驻德司令部设在这里。戴高乐要求驻德法军司令带兵回到巴黎平息民变。但戴高乐的两次要求都遭到那位驻德法军司令的拒绝，还劝说戴高乐放弃这个命令。后来戴高乐非常感谢那位司令，称颂那位司令勇敢地拒绝执行他的命令。他还写信给那位司令的妻子，说这是上帝在他无能为力时让他来到巴登，又是上帝让他碰到那位司令。不然，他就可能是历史的罪人了。

三个应聘者，前两个坚决执行老板的命令，好像也无可厚非，但后一个拒绝执行老板荒唐的命令，则更值得赞誉。至于驻德法军的那位司令，敢于拒绝执行当时作为法国总统的戴高乐的有违民意、有违民主原则和精神的命令，就更难能可贵。这在专制制度的国家简直是不可思议的。所以勇敢不勇敢，不只是一种行为的体现，其中也包含着理性，包含着道义。没有理性的、缺乏理性的勇敢，没有道义的、缺乏道义的勇敢，不一定就是好勇敢。

在我们这个世界上，就勇敢而言，绝对执行命令的勇敢多而敢于抗拒执行荒唐命令的勇敢少。这是因为权力者一般都竭力提倡、培养、制造绝对的执行这种勇敢，而对敢于抗拒自己荒唐命令的勇敢深恶痛绝，即便他发现自己的荒唐以后，对那些敢于抗拒自己荒唐的勇敢者也决不宽恕。以致有些明明是错误的东西，是荒谬的东西，是反科学的东西，是违法违纪的东西，因为是权力者指使，因为有权力者撑腰，有的人也敢勇敢地去执行，勇敢地去做。

勇敢是一个褒义词，它所体现的是一种好品德。人们教育孩子就要做勇敢的好孩子。但勇敢确实又还有一个是与非的前提。勇敢不是盲从，不分是非的、没有理性的绝对执行命令的勇敢是一种可怕的勇敢，也是一种愚蠢的勇敢，更是一种专制者欣赏和欢迎的勇敢。而坚持真理，敢于同谬误、同荒唐、同发疯对抗的勇敢、理性的勇敢才是最值得称道的勇敢。

第六章

不怕千万人阻挡，只怕自己投降

——不逼一把，你永远不知道自己有多优秀

你最大的敌人就是你自己

每个人最大的对手就是自己。如果你能战胜自己，走出布满阴霾的昨天，你也能成为幸福的人，获得自己人生的辉煌。

驯鹿和狼之间存在着一种非常独特的关系，它们在同一个地方出生，又一同奔跑在自然环境极为恶劣的旷野上。大多数时候，它们相安无事地在同一个地方活动，狼不骚扰鹿群，驯鹿也不害怕狼。

在这看似和平安闲的时候，狼会突然向鹿群发动袭击。驯鹿惊愕而迅速地逃窜，同时又聚成一群以确保安全。狼群早已盯准了目标，在这追和逃的游戏里，会有一只狼冷不防地从斜刺里蹿出，以迅雷不及掩耳之势抓破一只驯鹿的腿。

游戏结束了，没有一只驯鹿牺牲，狼也没有得到一点食物。第二天，同样的一幕再次上演，依然从斜刺里冲出一只狼，依然抓伤那只已经受伤的驯鹿。

每次都是不同的狼从不同的地方蹿出来做猎手，攻击的却只是那一只鹿。可怜的驯鹿旧伤未愈又添新伤，逐渐丧失大量的血和力气，更为严重的是它逐渐丧失了反抗的意志。当它越来越虚弱，已不会对狼构成威胁时，狼便跳起而攻之，美美地饱餐一顿。

其实，狼是无法对驯鹿构成威胁的，因为身材高大的驯鹿可以一蹄把身材矮小的狼踢死或踢伤，可为什么到最后驯鹿却成了狼的腹中之餐呢？

狼是绝顶聪明的，它们一次次抓伤同一只驯鹿，让那只驯鹿经过一次次的失败打击后，变得信心全无，到最后它完全崩溃了，完全忘了自己还有反抗的能力。最后，当狼群攻击它时，它放弃了抵抗。

所以，真正打败驯鹿的是它自己，它的敌人不是凶残的狼，而是自己脆弱的心灵。同样的道理，要让自己强大起来，唯一的方法就是挑战自己，战胜自己，超越自己。

咬咬牙，人生没有过不去的坎儿

往往，再多一点努力和坚持便会收获到意想不到的成功。以前做出的种种努力、付出的艰辛，便不会白费。令人感到遗憾和悲哀的是，面对一而再、再而三的失败，多数人选择了放弃，没有再给自己一次机会。

乔治的父亲辛曾经是个拳击冠军，如今年老力衰，病卧在床。

有一天，父亲的精神状况不错，对他说了某次赛事的经过。

在一次拳击冠军对抗赛中，他遇到了一位人高马大的对手。

因为他的个子相当矮小，一直无法反击，反而被对方击倒，连牙齿也被打出了血。

休息时，教练鼓励他说："辛，别怕，你一定能挺到第12局！"

听了教练的鼓励，他也说："我不怕，我应付得过去！"

于是，在场上他跌倒了又爬起来，爬起来后又被打倒，虽然一直没有反攻的机会，但他却咬紧牙关支撑到第12局。

第12局眼看要结束了，对方打得手都发颤了，他发现这是最好的反攻时机。于是，他倾全力给对手一个反击，只见对手应声倒下，而他则挺过来了，那也是他拳击生涯中的第一枚金牌。

说话间，父亲额上全是汗珠，他紧握着乔治的手，吃力地笑着："不要紧，有一点点痛，我应付得了。"

在人生的海洋中航行，不会永远都一帆风顺，难免会遇到狂风暴雨的袭击。在巨浪滔天的困境中，我们更须坚定信念，随时赋予自己生活的支持力，告诉自己"我应付得了"。当我们有了这份坚定的信念，困难便会在不知不觉中慢慢远离，生活自然会回到风和日丽的宁静与幸福之中。唯有相信自己能克服一切困难的人，才能激发勇气，迎战人生的各种磨难，最后成就一番大业！记住，只要你有决心克服，就一定能走过人生的低谷。

卡耐基在被问及成功秘诀的时候说道："假如成功只有一个秘诀的话，那应该是坚持。"人生道路中的很多苦难和痛苦都是如此，只要熬过去了，挺住了，就没什么大不了的。

巴顿将军在第二次世界大战后的聚会上说起这么一段经历：当他从西点军校毕业后，入伍接受军事训练。团长在射击场告诉他：打靶的意义在于，哪怕你打偏了99颗子弹，只要有1颗子弹打中靶心，你就会享受到成功的喜悦。

对于实战经验不多的新兵来说，想要枪枪命中靶心是困难的，然而，当巴顿的靶位旁的空子弹壳越来越多时，他已成了富有射击经验的老兵。

战争爆发后，巴顿将军奔波于各个战场，没有安稳感，他一度对生活产生了疑问，觉得自己像一架战争机器，不知道战争究竟要到何年何月才是尽头。

但这一切仅仅持续了不到 7 年。这 7 年里，由于倔强刚烈的个性，巴顿所经历的挫折、失意，曾经那么锋利地一次次伤害过他，令他消沉，后来他才明白：它们只不过是那一大堆空子弹壳。

生活的意义，并不在于你是否在经受挫折和磨炼，也不在于要经受多少挫折和磨炼，而是在于忍耐和坚持不懈。经受挫折和磨炼是射击，瞄准成功的机会也是射击，但是只有经历了 99 颗子弹的铺垫，才有一枪击中靶心的结果。

只要坚持到底，就一定会成功，人生唯一的失败，就是当你选择放弃的时候。因此，当你处于困境的时候，你应该继续坚持下去，只要你所做的是对的，总有一天成功的大门将为你而开。

查德威克是第一个成功横渡英吉利海峡的女性，她没有满足，决定从卡塔林岛游到加利福尼亚。

旅程十分艰苦，刺骨的海水冻得查德威克嘴唇发紫。她快坚持不住了，可目的地还不知道有多远，连海岸线都看不到。

越想越累，渐渐地她感到自己的四肢有千斤那么沉重，自己一点劲儿都使不上了，于是对陪伴她的船上工作人员说：“我快不行了，拉我上船吧！”

“还有一海里就到了啊，再坚持一下吧。”

“我不信，那怎么连海岸线都看不到啊！快拉我上去！”看她那么坚持，工作人员就把她拉上去了。

快艇飞快地往前开去，不到一分钟，加利福尼亚海岸线就出现在眼前了，因为大雾，只能在半海里范围内看得见。

查德威克后悔莫及，居然离横渡成功只有一海里！为什么不听别人的话，再坚持一下呢？

拿破仑曾经说过：“达到目标有两个途径——势力与毅力。势力只有少数人拥有，而毅力则属于那些坚韧不拔的人，它的力量会随着时间的发展而至无可抵抗。”所以，无论我们处于什么样的困境，遭遇多大的痛苦，我们都应该激励自己：离成功我只有一海里，只要熬过去就是胜利！

狠下心，绝不为自己找借口

没有人与生俱来就会表现出能与不能，是你自己决定要以何种态度去对待问题。保持一颗积极、绝不轻易放弃的心去面临各种困境，而不要让借口成为你工作中的绊脚石。

世界上最容易办到的事是什么？很简单，就是找借口。狐狸吃不到葡萄，它就找出一个借口：葡萄是酸的。我们都讥笑狐狸的可怜，但我们在生活中又不自觉地为自己找借口。

在我们的日常生活中，常听到这样一些借口：上班晚了，会有“路上堵车”“闹钟坏了”的借口；考试不及格，会有“出题太偏”“题目太难”的借口；做生意赔了本有借口；工作、学习落后了也有借口……只要有心去找，借口总是有的。

久而久之，就会形成这样一种局面：每个人都努力寻找借口来掩盖自己的过失，推卸自己本应承担的责任。于是，所有的过错，你都能找到借口来承担，借口让你丧失责任心和进取心，这对于你的生活和工作都是极其不利的。

年轻的亚历山大继承了马其顿的王位后，拥有广阔的土地和无数的臣民，可这并不能满足他的野心。一次，亚历山大因一场小型战争离开故乡，他的目光被一片肥沃的土地吸引，那里是波斯王国。于是，他指挥士兵向波斯大军发起了进攻，并在一场又一场战斗中打败了对手。随后陷落的是埃及。埃及人将亚历山大视为神一般的人物。卢克索神庙中的雕刻表明，亚历山大是埃及历史上第一位欧洲法老。为了抵达世界的尽头，他率领部队向东，进入一片未知的土地。20多岁的时候，他就已经击败了阿富汗的地区头领。接着，他又很快对印度半岛上的王侯展开了猛烈进攻……

在仅仅十多年的时间里，亚历山大就建立起了一个面积超过200万平方英里的帝国。因为他在任何情况下都不找借口，即使是条件不存在，他也毫不犹豫地去创造条件。

做事没有任何借口。条件不足，创造条件也要上。美国成功学家拿破仑·希尔说过这样一段话："如果你有自己系鞋带的能力，你就有上天摘星的机会！"让我们改变对借口的态度，把寻找借口的时间和精力用到努力工作中来。因为工作中没有借口，失败没有借口，成功也不属于那些找借口的人！

第二次世界大战时期的著名将领蒙哥马利元帅在他的回忆录《我所知道的二战》中说过这样一个故事：

"我要提拔人的时候，常常把所有符合条件的候选人集合到一起，给他们提一个我想要他们解决的问题。我说：'伙计们，我要在仓库后面挖一条战壕，8英尺长，3英尺宽，6英寸深。'说完就宣布解散。我走进仓库，通过窗户观察他们。

"我看到军官们把锹和镐都放到仓库后面的地上，开始议论我为什么要他们挖这么浅的战壕。他们有的说6英寸还不够当火炮掩体。其他人争论说，这样的战壕太热或太冷。还有一些人抱怨他们是军官，这样的体力活应该是普通士兵的事。最后，有个人大声说道：'我们把战壕挖好后离开这里，那个老家伙想用它干什么，随他去吧！'"

最后，蒙哥马利写道："那个家伙得到了提拔，我必须挑选不找任何借口地完成任务的人。"

一万个叹息抵不上一个真正的开始。不怕晚开始，就怕不开始。没有播种，就不会有收获；没有开始，就不会有进步。因此，你千万不要找借口，再困难的事只要你尝试去做，也比推辞不做要强。

不经历风雨，怎能见彩虹

"不经历风雨，怎能见彩虹"，任何一次成功的获得都要经过艰辛的奋斗和痛苦的磨炼。

老鹰是世界上寿命最长的鸟类。它可以活到70岁。要活那么长的寿命，它在40岁时必须做出艰难却重要的决定。

当老鹰活到40岁时，它的爪子开始老化，无法有效地抓住猎物。它的喙变得又长又弯，几乎碰到胸膛。它的翅膀变得十分沉重，因为它的羽毛长得又浓又厚，使得飞翔十分吃力。

它只有两种选择：等死，或者经过一个十分痛苦的更新过程。

老鹰要经过150天漫长的历练，很努力地飞到山顶。在悬崖上筑巢。停留在那里，不得飞翔。

老鹰首先用它的喙击打岩石，直到完全脱落。然后静静地等候新的喙长出来。

它会用新长出的喙把指甲一根一根地拔出来。当新的指甲长出来后，它们便把羽毛一根一根地拔掉。5 个月以后，新的羽毛长出来了。这个时候，老鹰才能开始飞翔，重新得到 30 年的岁月！

在我们的生命中，有时候我们也必须做出艰难的决定，然后才能获得重生。我们必须把旧的习惯、旧的传统抛弃，使我们可以重新飞翔。只要我们愿意放下旧的包袱，愿意学习新的技能，我们就能发挥我们的潜能，创造新的未来。

乔·路易斯，世界十大拳王之一，可以说是历史上最为成功的重量级拳击运动员之一，在长达 12 年的时间里，他曾经让 25 名拳手败在自己的拳下。

自从上学以后，乔伊·巴罗斯就成了同学嘲弄的对象。也难怪，放学后，别的 18 岁的男孩子进行篮球、棒球这些“男子汉”的运动，可乔伊却要去学小提琴！这都是因为巴罗斯太太望子成龙心切。20 世纪初，黑人还很受歧视，母亲希望儿子能通过某种特长改变命运，所以从小就送乔伊去学琴。那时候，对于一个普通家庭来说，每周 50 美分的学费是笔不小的开销，但老师说乔伊有天赋，乔伊的妈妈觉得为了孩子的将来，省吃俭用也值得。

但同学不明白这些，他们给乔伊取外号叫“娘娘腔”。一天乔伊实在忍无可忍，用小提琴狠狠砸向取笑他的家伙。一片混乱中，只听“咔嚓”一声，小提琴裂成了两半儿——这可是妈妈节衣缩食给他买的。泪水在乔伊的眼眶里打转，周围的人一哄而散，边跑边叫：“娘娘腔，拨琴弦的小姑娘……”只有一个同学既没跑，也没笑，他叫瑟斯顿·麦金尼。

别看瑟斯顿长得比同龄人高大魁梧，一脸凶相，其实他是个热心肠的好人。虽然还在上学，瑟斯顿已经是底特律“金手套大赛”的卫冕冠军了。“你要想办法长出些肌肉来，这样他们才不敢欺负你。”他对沮丧的乔伊说。瑟斯顿不知道，他的这句话不但改变了乔伊的一生，甚至影响了美国一代人的观念。虽然日后瑟斯顿在拳坛没取得什么惊人的成就，但因为这句话，他的名字被载入拳击史册。

当时，瑟斯顿的想法很简单，就是带乔伊去体育馆练拳击。乔伊抱着支离破碎的小提琴跟瑟斯顿来到了体育馆。“我可以先把旧鞋和拳击手套借给你，”瑟斯顿说，“不过，你得先租个衣箱。”租衣箱一周要50美分，乔伊口袋里只有妈妈给他这周学琴的50美分，不过琴已经坏了，也不可能马上修好，更别说去上课了。乔伊狠狠心租下衣箱，把小提琴放了进去。

开头几天，瑟斯顿只教了乔伊几个简单的动作，让他反复练习。一个礼拜快结束时，瑟斯顿让乔伊到拳击台上来，试着跟他对打。没想到，才第三个回合，乔伊一个简单的直拳就把“金手套”瑟斯顿击倒了。爬起来后，瑟斯顿的第一句话就是：“小子，把你的琴扔了！”

乔伊没有扔掉小提琴，但他发现自己更喜欢拳击，每周50美分的小提琴课学费成了拳击课的学费，巴罗斯太太懊恼了一阵后，

也只好听之任之。不久乔伊开始参加比赛，渐渐崭露头角。为了不让妈妈为他担心，乔伊悄悄把名字从“乔伊·巴罗斯”改成了“乔·路易斯”。

5年以后，23岁的乔已经成为重量级世界拳王。1938年，他击败了德国拳手施姆林，当时德国在纳粹统治之下，因此乔的胜利意义更加重大，他成了反法西斯者心中的英雄。但巴罗斯太太一直不知道人们说的那个黑人英雄就是自己“不成器”的儿子。

漫漫人生，人在旅途，难免会遇到荆棘和坎坷，但风雨过后，一定会有美丽的彩虹。任何时候都要抱着乐观的心态，任何时候都不要丧失信心和希望。失败不是生活的全部，挫折只是人生的插曲。虽然机遇总是飘忽不定，但朋友，只要你坚持，只要你乐观，你就能永远拥有希望，走向幸福。

从现在起，感谢折磨你的人吧

人不能总停留在原地，而是要努力向前。感谢折磨你的人，你将得到更迅捷的发展速度。

对于生活中的各种折磨，我们应时时心存感激。只有这样，我们才会常常有一种幸福的感觉，纷繁芜杂的世界才会变得鲜活、温馨和动人。一朵美丽的花，如果你不能以一种美好的心情去欣赏它，它在你的心中和眼里也就永远娇艳妩媚不起来，而如同你的心情一般灰暗和没有生机。只有心存感激，我们才会把折磨放在背后，珍视他人的爱心，才会享受生活的美好，才会发现世界原本有很多温情。心存感激，是一种人格的升华，是一种美好的人性。只有心存感激，我们才会热爱生活，珍惜生命，以平和的心态去努力地工作和学习，使自己成为一个有益于社会的人。心存感激，我们的生活就会洋溢着更多的欢笑和阳光，世界在我们眼里就会更加美丽动人。从今天开始，感谢折磨你的人吧！正如一首诗写的那样：

当我们拿花送给别人时，
首先闻到花香的是我们自己。
当我们抓起泥巴想抛向别人时，
首先弄脏的是我们自己的手。
一句温暖的话，
就像往别人的身上洒香水，
自己也会沾到两三滴，
因此，要时时心存好意，
脚走好路、身行好事、惜缘种福。

很多的时候，
我们需要给自己的生命留下一点空隙，
就像两车之间的安全距离，
一点缓行的余地，
可以随时调整自己，进退有秩，
生活的空间，需要清理挪减而留出，
心灵的空间，则经思考领悟而拓展。

打桥牌时要把我们手中所握有的这副牌，
不论好坏，都要把它打到淋漓尽致。
人生亦然，重要的不是发生了什么事，

而是我们处理它的方法和态度，

假如我们转身面向阳光，就不可能陷身在阴影里。
光明使我们看见许多东西，
也使我们看不见许多东西，
假如没有黑夜，
我们便看不到天上闪亮的星辰。

因此，即便是曾经一度使我们难以承受的痛苦磨难，
也不会是完全没有价值，
它可以使我们的意志更坚定，
思想人格更成熟。

因此，当困难与挫折到来，
应平静面对，乐观地处理，
不要在人我是非中彼此摩擦。
有些话语称起来不重，
但稍一不慎，
便会重重地坠到别人心上，
同时，也要训练自己，
不要轻易被别人的话扎伤、变心。

你不能决定生命的长度，但你可以控制它的宽度；
你不能左右天气，但你可以改变心情；
你不能改变容貌，但你可以展现笑容；
你不能控制他人，但你可以掌握自己；
你不能预知明天，但你可以利用今天；

你不能样样胜利，但你可以事事尽力。

凡事感谢，感谢伤害你的人，因为他磨炼了你的心志；
感谢欺骗你的人，因为他增进了你的智慧；
感谢中伤你的人，因为他砥砺了你的人格；
感谢鞭打你的人，因为他激发了你的斗志；
感谢遗弃你的人，因为他教导你该独立；
感谢绊倒你的人，因为他强化了你的双腿；
感谢斥责你的人，因为他提醒了你的缺点；
凡事感谢，学会感谢，感谢一切使你成长的人！

战胜自己的人，才配得上上天的奖赏

虽然屡遭痛苦，却能够百折不挠地挺住，这就是成功的秘密。所以，你一定要学会坚强。有了坚强，才有了面对一切痛苦和挫折的能力。

村里有一位妇女，因为乳腺癌，不得不去医院做了左乳切除手术。

伤口痊愈后，她下地走路时，奇怪地发现，自己的身体竟不自觉地向右边倾斜起来。她稍一愣怔后便明白了：也许是自己的乳房比较大且重的缘故，少了一只左乳后，身体也失去了原有的平衡。

让她更为苦恼的是，自己的胸前左边瘪塌塌的，右边鼓囊囊的，极不对称，以致穿起衣服来很是别扭和难看。

可是她又没钱买义乳。怎么办？她决定自己做一个。她“就地取材”地从家里找出芝麻、蚕豆、玉米、小麦、绿豆，依次分别往乳罩左边的罩口里装满一种，然后再缝合罩口，戴在身上测试一下身体的美观及平衡效果。最后，她选定了绿豆作为乳罩的填充物。

初戴上“绿豆乳罩”的她显得异常兴奋与激动，对于自己的身体，她仿佛又找回了曾经的那份自信与美丽。后来，她无论是下地干活，还是串门赶集，时时刻刻戴着那副“绿豆乳罩”。

一天晚上，她摘下乳罩准备睡觉时，惊讶地发现——乳罩里的那些绿豆竟发芽了！

那一夜，她基本上没合眼，想着怎样解决绿豆在自己的体温下会发芽的问题。第二天，她把那些绿豆炒熟了，然后再放进乳罩里……

可是她发现，问题又来了，她的身上始终有一种熟绿豆的香味挥之不去。只要她一出现在人群里，人家总会耸着鼻子做闻香状，然后好奇地问：谁兜里揣着熟绿豆？好香啊！快点拿出来让大家尝尝……弄得她很是尴尬，又不好讲出实情，但也怪不得人家，人家也是无意的啊。

后来，经过很多次试验，她在缝制“绿豆乳罩”的时候，终于找到了一个折中的良方，就是在炒绿豆的时候，要掌握好它的火候——仅把绿豆炒到七八成熟的样子，这样的绿豆放进乳罩里既不会发芽，也闻不到香味，刚刚好。

费尽思量，才解决了绿豆作为乳房替代物与自己身体兼容的难题，这位爱美的女人终于松了口气。

有一天，一家女性刊物的记者知道这事后，大老远地赶来采访这位村妇。采访临近尾声时，记者提出要给她拍几张照片。她一下子激动得满脸通红，因为在那个偏僻的村庄里，她很少有照相的机会，她习惯性地抻抻衣角、捋捋头发，然后站在一株从石缝里长出的芍药花旁，郑重而优雅地摆出了一个个美丽的姿势。望着镜头里那朵火红的花儿衬托着那张自信而美丽的笑脸，泪水模糊了记者的视线……

后来，这位记者在文章中写道：

“我是怀着一种敬仰和感动的心情对她进行采访的，在为她的遭遇感到心酸的同时，又被她乐观而不屈的精神所鼓舞并深感欣慰。这样一个在贫困交加的境地里挣扎的女人，依然向往美丽，顽强地追求着美丽，她今后的生活一定会好起来的，就像她的那帧美丽的照片。因为她的精神不败，我坚信，仅凭这一点，足以让她战胜人生中所有的厄运和苦难！”

人生是一场面对种种困难的“漫长战役”。早一些让自己懂得痛苦和困难是人生平常的“待遇”，当挫折到来时，应该面对，而不是逃避，这样，你才能早一些坚强起来，成熟起来。以后的人生便会少一些悲哀气氛，多一些壮丽色彩。记住，只有顽强的人生才美丽，才精彩。

苏联作家奥斯特洛夫斯基在双眼失明的情况下，通过向人口授内容，完成了长篇小说《钢铁是怎样炼成的》。

美国女作家海伦·凯勒自幼双目失明失聪，在沙利文老师的教导下学会了盲文，长大后成长为一名社会活动家，积极到世界各地演讲，宣传助残，并完成了《假如给我三天光明》等 14 部著作。

当代著名女作家张海迪 5 岁因为意外事故造成高位截瘫，但仍坚持自学小学到大学课程，并精通多国语言。

……

霍金是谁？他是一个神话，一个当代最杰出的理论物理学家，一个科学名义下的巨人……或许，他只是一个坐着轮椅、挑战命运的勇士。

史蒂芬·霍金，出生于1942年1月8日，那一天刚好是伽利略逝世三百年纪念日。

从童年时代起，运动从来就不是霍金的长项，几乎所有的球类活动他都不行。

进入牛津大学后，霍金注意到自己变得更笨拙了，有一两回没有任何原因地跌倒。一次，他不知何故从楼梯上突然跌下来，当即昏迷，差一点儿死去。

直到1962年霍金在剑桥读研究生后，他的母亲才注意到儿子的异常状况。刚过完20岁生日的霍金在医院里住了两个星期，经过各种各样的检查，他被确诊患上了“卢伽雷氏症”，即运动神经细胞萎缩症。

大夫对他说，他的身体会越来越不听使唤，只有心脏、肺和大脑还能运转，到最后，心和肺也会失效。霍金被“宣判”只剩两年的生命。那是在1963年。

霍金的病情渐渐加重。1970年，在学术上声誉日隆的霍金已无法自己走动，他开始使用轮椅。直到去世，他再也没离开它。

永远坐进轮椅的霍金，极其顽强地工作和生活着。

一次，霍金坐轮椅回柏林公寓，过马路时被小汽车撞倒，左臂骨折，头被划破，缝了13针，但48小时后，他又回到办公室投入工作。

虽然身体的残疾日益严重，霍金却力图像普通人一样生活，完成自己所能做的任何事情。他甚至是活泼好动的——这听来有点好笑，在他已经完全无法移动之后，他仍然坚持用唯一可以活动的手指驱动着轮椅在前往办公室的路上“横冲直撞”；在莫斯科的饭店中，他建议大家来跳舞，他在大厅里转动轮椅的身影真是一大奇景；当他与查尔斯王子会晤时，旋转自己的轮椅来炫耀，结果轧到了查尔斯王子的脚指头。

当然，霍金也尝到过“自由”行动的恶果，这位量子引力的大师级人物，多次在微弱的地球引力左右下，跌下轮椅，幸运的是，每一次他都顽强地重新“站”起来。

1985 年，霍金动了一次穿气管手术，从此完全失去了说话的能力，只能用三个指头和外界交流——到去世时更是只剩下眼皮了。他就是在这样的情况下，极其艰难地写出了著名的《时间简史——从大爆炸到黑洞》，探索着宇宙的起源。

霍金的科普著作《时间简史——从大爆炸到黑洞》在全世界的销量已经高达 2500 万册，从 1988 年出版以来一直雄踞畅销书榜，创下了畅销书的一个世界纪录。

霍金的故事告诉人们，是否具有不屈不挠的精神，或许是取得成就的最大因素。虽然大家都觉得他非常不幸，但他在科学上的成就却是他在病发后获得的。他凭着坚毅不屈的意志，战胜了疾病，创造了一个奇迹，也证明了残疾并非成功的障碍。

多一份磨砺，多一份强大

每个人都有梦想，也曾为之而努力过、奋斗过，但是很多人却因为没有一颗坚强的心和持之以恒的毅力，只能给自己的人生留下深深的遗憾。所以，我们要想成就一番事业，要想实现自己的梦想和追求，就必须努力为自己打造一颗坚强的心。

一个失意的年轻人，向哲人请教成功的秘诀。哲人递给他一颗花生说："用力搓它。"年轻人用力一搓，花生的壳碎了，剩下了花生仁。然后哲人叫他再搓搓它，结果红色的花生衣也被搓掉了，只剩下白白的果肉。哲人叫他再用力搓，年轻人迷惑不解，但还是照着做了。

可是，无论他如何用力，却怎么也捏不碎这粒花生仁。哲人还是叫他再搓搓它，结果仍然是徒劳无功。

最后，哲人语重心长地告诫年轻人："虽然屡受打击和磨难，失去了很多东西，但始终都要拥有一颗坚强不屈的心，这样才有美梦成真的希望。"

对于一个人来说，最有用的财富不是金钱名利，也不是人际资源，而是一颗坚强的心。

一个农民，初中只读了两年，家里就没钱继续供他上学了。他辍学回家，帮父亲耕种三亩薄田。在他19岁时，父亲去世了，家庭的重担全部压在了他的肩上。他要照顾身体不好的母亲和瘫痪在床的祖母。

20世纪80年代，农田承包到户。他把一块水洼挖成池塘，想养鱼。但乡里的干部告诉他，水田不能养鱼，只能种庄稼，他只好又把水塘填平。这件事成了一个笑话——在别人的眼里，他是一个想发财但又非常愚蠢的人。

听说养鸡能赚钱，他向亲戚借了500元钱，养起了鸡。但是一场洪水后，鸡得了鸡瘟，几天内全部死光。500元对别人来说可能不算什么，但对一个只靠三亩薄田生活的家庭而言，不啻天文数字。他的母亲受不了这个刺激，竟然忧郁而死。

他后来酿过酒、捕过鱼，甚至还在石矿的悬崖上帮人打过炮眼……可都没有赚到钱。

35岁的时候，他还没有娶到媳妇。即使是离异的有孩子的女人也看不上他。因为他只有一间土屋，随时有可能在一场大雨后倒塌。娶不上老婆的男人，在农村是没有人看得起的。

但他还想搏一搏，就四处借钱买了一辆手扶拖拉机。不料，上路不到半个月，这辆拖拉机就载着他冲入一条河里。他断了一条腿，成了瘸子。而那拖拉机，被人捞起来，已经支离破碎，他只能拆开它，当作废铁卖。

几乎所有的人都说他这辈子完了，但是后来他却成了南方一个大城市里的一家大公司的老板，手中有数亿元的资产。

现在，许多人知道了他苦难的过去和富有传奇色彩的创业经历。许多媒体采访过他，许多报告文学描述过他。其中一个访谈令人印象深刻：

记者问他："在苦难的日子里，你凭什么一次又一次毫不退缩？"

他坐在宽大豪华的老板台后面，喝完了手里的一杯水。然后，他把玻璃杯子握在手里，反问记者："如果我松手，这只杯子会怎样？"

记者说：“杯子摔在地上，肯定要碎了。”

“那我们试试看。”他说。

他手一松，杯子掉到地上发出清脆的声音，但并没有破碎，完好无损。

他说：“即使有 10 个人在场，他们都会认为这只杯子必碎无疑。但是，这只杯子不是普通的玻璃杯，而是用玻璃钢制作的。我之所以能战胜苦难，就因为我有一颗坚强的心。”

这样的人，即使只有一口气，他也会努力去拉住成功的手。如果他不能成功，那么还有谁能成功呢？

不管通向成功的道路是阳光灿烂，还是风雨兼程，我们都要始终保持这颗坚强的心，不得有半点的懈怠和屈服。

相信吧，阳光总在风雨后，经历了风风雨雨、大风大浪、坎坎坷坷之后，再回味自己来之不易的成功的时候，那一定是人世间最幸福的时刻。

PMA 黄金定律：能飞多高，由自己决定

PMA 黄金定律是积极心态的缩写——Positive Mental Attitude。它是成功学大师拿破仑·希尔数十年研究中最重要的发现，他认为造成人与人之间成功与失败的巨大反差，心态起了很大的作用。

积极的心态是人人可以学到的，无论他原来的处境、气质与智力怎样。

拿破仑·希尔还认为，我们每个人都佩戴着隐形护身符，护身符的一面刻着 PMA（积极的心态），一面刻着 NMA（消极的心态）。PMA 可以创造成功、快乐，使人到达辉煌的人生顶峰；而

NMA 则使人终生陷在悲观沮丧的谷底，即使爬到巅峰，也会被它拖下来。

因为这个世界上没有任何人能够改变你，只有你能改变你自己；没有任何人能够打败你，能打败你的也只有你自己。

很多人都认为自己的境况归于外界的因素，认为是环境决定了他们的人生位置，这些人常说他们的想法无法改变。但是，我们的境况不是周围环境造成的。说到底，如何看待人生，由我们自己决定。

纳粹集中营的一位幸存者维克托·弗兰克尔说过：“在任何特定的环境中，人们还有一种最后自由，就是选择自己的态度。”

只要人活在这个世界上，各种问题、矛盾和困难就不可能避免，拥有积极心态的人能以乐观进取的精神去积极应对，而被消极心态支配的人则悲观颓废，他们在逃避问题和困难的同时也逃避了人生的责任。

对于 PMA 的阐述，拿破仑·希尔是这样认为的：

1. 言行举止像希望成为的人

许多人总是要等到自己有了一种积极的感受再去付诸行动，这些人在本末倒置。心态是紧跟行动的，如果一个人从一种消极的心态开始，等待着感觉把自己带向行动，那他就永远成不了他想做的积极心态者。

2. 要心怀必胜、积极的想法

谁想收获成功的人生，谁就要当个好“农民”。我们绝不能播下几粒积极乐观的种子，然后指望不劳而获，我们必须不断给这些种子浇水，给幼苗培土施肥。要是疏忽这些，消极心态的野草就会丛生，夺去土壤的养分，甚至让庄稼枯死。

3. 用美好的感觉、信心和目标去影响别人

随着你的行动与心态日渐积极，你就会慢慢获得一种美满人生的感觉，信心日增，人生中的目标感也越来越强烈。紧接着，别人会被你吸引，因为人们总是喜欢和积极乐观者在一起。

4. 使你遇到的每一个人都感到自己很重要、被需要

每一个人都有一种欲望，即感觉到自己的重要性，以及别人对他的需要与感激，这是普通人的自我意识的核心。如果你能满足别人心中的这一欲望，他们就会对自己，也对你抱有积极的态度，一种你好我好大家好的局面就形成了。

5. 心存感激

如果你常流泪，你就看不到星光，对人生、对大自然的一切美好的东西，我们要心存感激，人生就会显得美好许多。

6. 学会称赞别人

在人与人的交往中，适当地赞美对方，会增加和谐、温暖和美好的感情。你存在的价值也就会被肯定，使你得到一种成就感。

7. 学会微笑

面对一个微笑的人，你会感应到他的自信、友好，同时这种自信和友好也会感染你，你的自信和友好也会油然而生，使你和对方亲近起来。

8. 到处寻找最佳新观念

有些人认为，只有天才才会有好主意。事实上，要找到好主意，靠的是态度，而不全是能力。一个思想开放、有创造性的人，哪里有好主意，就往哪里去。

9. 放弃鸡毛蒜皮的小事

有积极心态的人不把时间和精力花费在小事上，因为小事使

他们偏离主要目标和重要事项。

10. 培养一种奉献的精神

曾任通用磨坊公司董事长的哈里·布利斯曾这样忠告下面的推销员："谁尽力帮助其他人活得更愉快、更潇洒，谁就达到了推销术的最高境界。"

11. 自信能做好想做的事

永远也不要消极地认定什么事情是不可能的，首先你要认为你能，再去尝试，不断尝试，最后你就会发现你确实能。

马尔比·D. 马布科克说："最常见同时也是代价最高昂的一个错误，是认为成功有赖于某种天才、某种魔力、某些我们不具备的东西。"其实并非如此，成功的要素其实掌握在我们自己的手中。成功是运用 PMA 的结果。

一个人能飞多高，由他自己的心态所决定。

当然，有了 PMA 并不能保证事事成功，但积极地运用 PMA 可以改善我们的日常生活。在 PMA 的帮助下，我们能够给自己创造一个阳光的心灵空间，引导成功之路。

拒做呻吟的海鸥，勇做积极的海燕

相信很多读者都对苏联著名作家高尔基所著的《海燕》一文有着深刻的印象：

在苍茫的大海上，狂风卷着乌云。在乌云和大海之间，海燕像黑色的闪电，在高傲地飞翔。一会儿翅膀碰着波浪，一会儿箭一般地直冲向乌云，它叫喊着——就在这鸟儿勇敢的叫喊声里，乌云听出了欢乐。海鸥在暴风雨来临之前呻吟着——呻吟着，它们在大海上飞蹿，想把自己对暴风雨的恐惧，掩藏到大海深处。

海鸥还在呻吟着——它们这些海鸥啊，享受不了生活的战斗的欢乐，轰隆隆的雷声就把它们吓坏了。

蠢笨的企鹅，胆怯地把肥胖的身体躲藏在悬崖底下……

只有那高傲的海燕，勇敢地、自由自在地，在泛起白沫的大海上飞翔……

而人类，也有海燕、海鸥、企鹅等类型。有人在困境的打击下，像海燕一样无所畏惧，积极地奋起抗争；有的人在困境的打击下，只会独自呻吟，丧失了一切勇气；有的人在困境的打击下，蜷缩在角落里，不敢去面对外面的一切……面对困境，像海燕一样积极搏击，还是一味地"独自呻吟""蜷缩在角落里"，决定了你的人生境遇。

在19世纪50年代的美国，有一天，一个黑人家里的一个10岁的小女孩被母亲派到磨坊里向种植园主索要50美分。

园主放下自己的工作，看着那黑人小女孩远远地站在那里，便问道："你有什么事情吗？"黑人小女孩没有移动脚步，怯怯地回答说："我妈妈说想要50美分。"

园主怒气冲冲地说："我绝不给你！你快滚回家去吧，不然我用锁锁住你。"说完继续做自己的工作。

过了一会儿，他抬头看到黑人小女孩仍然站在那儿不走，便掀起一块木板向她挥舞道："如果你再不滚开的话，我就用这木板教训你。好吧，趁现在我还……"话未说完，那黑人小女孩突然像箭镞一样冲到他面前，毫不畏惧地扬起脸来，用尽全身气力向他大喊："我妈妈需要50美分！"

慢慢地，园主将木板放了下来，手伸向口袋里摸出50美分给了那个黑人小女孩。她一把抓过钱去，便像小鹿一样推门跑了。园主目瞪口呆地站在那儿回顾这奇怪的经历——一个黑人小女孩竟然毫无惧色地面对自己，并且镇住了自己，在这之前，整个种植园里的黑人们似乎连想都不敢想。

小女孩的勇敢让她最终得到了她妈妈需要的50美分。如果她也像海鸥一样，面对困难只会呻吟，那么她也会跟其他的黑人那样，不敢忤逆园主，当然更不可能提要钱的事了。所以不管遇到什么困难，我们都要做积极勇敢的海燕，不做呻吟的海鸥。

纵使平凡，也不要平庸

平凡与平庸是两种截然不同的生活状态：前者如一颗使用中的螺丝钉，虽不起眼，却真真切切地发挥作用，实现价值；后者就像废弃的钉子，身处机器运转之外，无心也无力参与机器的运作。

平凡者纵使渺小却挖掘着自己生命的全部能量，平庸者却甘居无人发现的角落不肯露头。虽无惊天伟绩但物尽其用、人尽其能，这叫平凡；有能力发挥却自掩才华，自甘埋没，这叫平庸。

世间生命多种多样，有天上飞的，有水中游的，有陆上爬的，有山中走的；所有生命，都在时间与空间之流中兜兜转转。生命，总以其多彩多姿的形态展现着各自的意义和价值。

“生命的价值，是以一己之生命，带动无限生命的奋起、活跃。”智慧禅光在众生头顶照耀，生命在闪光中现出灿烂，在平凡中活出真实。所以，所有的生命都应该得到祝福。

“若生命是一朵花就应自然地开放，散发一缕芬芳于人间；若生命是一棵草就应自然地生长，不因是一棵草而自卑自叹；若生命好比一只蝶，何不翩翩飞舞？”芸芸众生，既不是翻江倒海的蛟龙，也不是称霸林中的雄狮，我们在苦海里颠簸，在丛林中避险，平凡得像是海中的一滴水、林中的一片叶。海滩上，这一粒沙与那一粒沙的区别你可能看出？旷野里，这一堆黄土和那一堆黄土的差异你是否能道明？

每个生命都很平凡，但每个生命都不卑微，所以，真正的智者不会让自己的生命陨落在无休无止的自怨自艾中，也不会甘于身心的平庸。

你可见过在悬崖峭壁上卓然屹立的松树？它深深地扎根于岩缝之中，努力舒展着自己的躯干，任凭阳光曝晒，风吹雨打，在残酷的环境中它始终保持着昂扬的斗志和积极的姿态。或许，它很平凡，只是一棵树而已，但是它并不平庸，它努力地保持着自己生命的傲然姿态。

有这样一个寓言让我们懂得：每个生命都不卑微，都是大千世界中不可或缺的一环，都在自己的位置上发挥着自己的作用。

一只老鼠掉进了一只桶里，怎么也出不来。老鼠吱吱地叫着，

它发出了哀鸣，可是谁也听不见。可怜的老鼠心想，这只桶大概就是自己的坟墓了。正在这时，一只大象经过桶边，用鼻子把老鼠拉了出来。

“谢谢你，大象。你救了我的命，我希望能报答你。”

大象笑着说：“你准备怎么报答我呢？你不过是一只小小的老鼠。”

过了一些日子，大象不幸被猎人捉住了。猎人用绳子把大象捆了起来，准备等天亮后运走。大象伤心地躺在地上，无论怎么挣扎，也无法把绳子扯断。

突然，小老鼠出现了。它开始咬绳子，终于在天亮前咬断了绳子，替大象松了绑。

大象感激地说：“谢谢你救了我的性命！你真的很强大！”

“不，其实我只是一只小小的老鼠。”小老鼠平静地回答。

每个生命都有自己绽放光彩的刹那，即使一只小小的老鼠，也能够拯救比自己体形大很多的大象。故事中的这只老鼠正是星云大师所说的“有道者”，一个真正有道的人，即使别人看不起他，把他看成是卑贱的人，他也不受影响，因为他知道自己的人格、道德，不一定要求别人来了解、来重视。他依然会在自我的生命之旅中将智慧的种子撒播到世间各处。

有人说：“平凡的人虽然不一定能成就一番惊天动地的大事业，但对他自己而言，能在生命的过程中把自己点燃，即使自己是根小火柴，只要能发出微微星火也就足够了；平庸的人也许是一大捆火药，但他没有找到自己的引线，在忙忙碌碌中消沉下去，变成了一堆哑药。”

也许你只是一朵残缺的花，只是一片熬过旱季的叶子，或是一张简单的纸、一块无奇的布，也许你只是时间长河中一个匆匆而逝的过客，不会吸引人们半点的目光和惊叹，但只要你拥有积极的心态，并将自己的长处发挥到极致，就会成为成功驾驭生活的勇士。

把自己“逼”上巅峰

把自己“逼”上巅峰，首先要给自己一座没有后路的悬崖，这样才能发挥出自己最大的能力。力挽狂澜的秘密就在于此。

我国有个成语叫“背水一战”。它的意思是背靠江河作战，没有退路，我们常常用它来比喻决一死战。背水一战，其实就是把自己的后路斩断，以此将自己逼上“巅峰”。这个成语来源于《史记·淮阴侯列传》，这个典故对于处于苦境中的人来说，至今仍有着启示意义。

韩信是汉王刘邦手下的大将，为了打败项羽，夺取天下，他为刘邦定计，先攻取了关中，然后东渡黄河，打败并俘虏了背叛刘邦、听命于项羽的魏王豹，接着韩信开始往东攻打赵王歇。

在攻打赵王时，韩信的部队要通过一道极狭的山口，叫井陉口。赵王手下的谋士李左车主张一面堵住井陉口，一面派兵抄小路切断汉军的辎重粮草，这样韩信小数量的远征部队没有后援，就一定会败走。但大将陈余不听，仗着兵力优势，坚持要与汉军正面作战。韩信了解到这一情况，不免对战况有些担心，但他同时心生一计。他命令部队在离井陉 30 里的地方安营，到了半夜，让将士们吃些点心，告诉他们打了胜仗再吃饱饭。随后，他派出两千轻骑从小路隐蔽前进，要他们在赵军离开营地后迅速冲入赵军营地，换上汉军旗号；又派一万军队故意背靠河水排列阵势来引诱赵军。

到了天明，韩信率军发动进攻，双方展开激战。不一会儿，汉军假意败回水边阵地，赵军全部离开营地，前来追击。这时，韩信命令主力部队出击，背水结阵的士兵因为没有退路，也回身猛扑敌军。赵军无法取胜，正要回营，忽然营中已插遍了汉军旗帜，于是四散奔逃。汉军乘胜追击，以少胜多，打了一个大胜仗。

在庆祝胜利的时候，将领们问韩信：“兵法上说，列阵可以背靠山，前面可以临水泽，现在您让我们背靠水排阵，还说打败赵军再饱饱地吃一顿，我们当时不相信，然而最后竟然取胜了，这是一种什么策略呢？”

韩信笑着说：“这也是兵法上有的，只是你们没有注意到罢了。兵法上不是说‘陷之死地而后生，置之亡地而后存’吗？如果是有退路的地方，士兵都逃散了，怎么能让他们拼死一搏呢！”

所以在生活中，当我们遇到困难与绝境时，我们也应该如兵法中所说那样“陷之死地而后生”，要有背水一战的勇气与决心，这样才能发挥自己最大的能力，将自己逼上生命的巅峰。在这种情况下，往往事情会出现极大的转机。

给自己一座没有退路的悬崖，把自己“逼”上巅峰，从某种意义上说，是给自己一个向生命高地冲锋的机会。如果我们想改变自己的现状，改变自己的命运，那么首先应该改变自己的心态。只要有背水一战的勇气与决心，我们一定能突破重重障碍，走出绝境。

所以我们要保持这样的心态，在使自己处于不断积极进取的状态时，就能形成自信、自爱、坚强等品质，这些品质可以让你的能力源源涌出。你若是想改变自己的处境，那么就改变自己身心所处的状态，勇敢地向命运挑战。一旦你决心背水一战，拼死一搏，你便可以把你蕴藏的无限潜能充分发挥出来，让自己创造奇迹，做出令人瞩目的成绩，登上命运的巅峰。

第七章

机会都是闯出来的，不是等来的

——宁可出门碰壁，不能在家面壁

果断出手，莫对机会欲说还“羞”

令人筋疲力尽的并不是要做的事本身，而是事前事后患得患失的心态。一个失败者的最大特征就是顾虑再三，犹豫不决。

伟大的作家雨果说过：“最擅长偷时间的小偷就是迟疑，它还会偷去你口袋中的金钱和成功。”虽然我们没有100%的把握保证每一次决定都能获得成功，但是现实的情况就是等待不如决断。所以，在机会转瞬即逝的当代社会，等待就意味着“放弃”，成功者宁愿“立即失败”，也不愿犹豫不决。SAP公司的CEO普拉特纳曾经说过这么一句话：“我宁可做6个正确决定和4个错误决定，也不要犹豫等待。”

当恺撒大帝来到意大利的边境卢比孔河时，看似神圣而不可侵犯的卢比孔河使他的信心有所动摇。他想到，如果没有参议院的批准，任何一名将军都不允许侵略一个国家。此时他的选择只有两种——“要么毁灭我自己，要么毁灭我的国家。”最后他毅然做出决定，喊着：“不要惧怕死亡！”带头跳入了卢比孔河。就是因为这一时刻的决定，世界历史随之而改变。

所以，获得成功的最有力的办法，是迅速做出该怎么做一件事的决定。排除一切干扰因素，而且一旦做出决定，就不要再继续犹豫不决，以免我们的决定受到影响。有的时候犹豫就意味着失去。

古希腊有一位哲学家，饱读经书，富有才情，很多女人迷恋他。一天，一个女子来敲他的门，说："让我做你的妻子吧！错过我，你将再也找不到比我更爱你的女人了！"哲学家虽然也很喜欢她，却回答说："让我考虑考虑！"

哲学家犹豫了很久，终于下定决心娶那位女子。哲学家来到女人的家中，问女人的父亲："你的女儿呢？请你告诉她，我考虑清楚了，我决定娶她为妻！"女人的父亲冷漠地回答："你来晚了10年，我女儿现在已经是3个孩子的妈了！"

哲学家听了，几乎崩溃。后来，哲学家抑郁成疾。临终，他将自己所有的著作丢入火堆，只留下一句对人生的批注——下一次，我绝不犹豫！

所以，面对选择，一定要迅速做出决断，哪怕做出错误的选择也好过犹犹豫豫。因为，机会一旦错过了，是不会再有的。

有一个小男孩，一天在外面玩耍时，发现一只不会飞的小麻雀，决定把小麻雀带回家喂养，但是想起应该先和爸爸说一声，取得他的同意。于是他想了想，决定先去找爸爸。

爸爸一听就同意了，可是等小男孩回来的时候，一只黑猫正好把地上的麻雀叼走吃了。小男孩伤心不已，暗暗下定决心：只要是自己认定的事情，决不优柔寡断。后来这位小男孩成为了电脑名人，他就是王安博士。

人生的道路上，许多机会都是转瞬即逝的。机会不会等人，如果犹豫不决，很可能会失去很多成功的机遇。

犹豫拖延的人没有必胜的信念，也不会有人信任他们。果断积极的人就不一样，他们是世界的主宰。放眼古今中外，能成大事者都是当机立断之人，他们快速做出决定，并迅速执行。

在确定圣彼得堡和莫斯科之间的铁路线时，总工程师尼古拉斯拿出了一把尺子，在起点和终点之间画了一条直线，然后用不容辩驳的语气斩钉截铁地宣布：“你们必须这样铺设铁路。”于是，铁路线就这样确定了。

综观历史，成功者比别人果断，比别人迅速，较别人敢于冒险。因此，能把握更多的机会，所以往往成为成功者。实际上，一个人如果总是优柔寡断，犹豫不决，或者总在毫无意义地思考自己的选择，一旦有了新的情况就轻易改变自己的决定，这样的人成就不了任何事，只能羡慕别人的成功，在后悔中度过一生！

机会女神只青睐那些有准备的头脑

天下没有免费的午餐，机遇总是偏爱那些有准备的人。这两句话并不矛盾，所有的机会都是公平的，但并不表示所有人把握机会的概率是相同的，有准备的人自然是概率大很多。

在西方流传着这样一个故事：

许多年前，一位聪明的国王召集了一群聪明的臣子，给了他们一个任务：“我要你们编一本各时代的智慧录，好流传给子孙。”这些聪明人离开国王后，工作了很长一段时间，最后完成了一本十二卷的巨作。

国王看了以后说：“各位先生，我确信这是各时代的智慧结晶，然而，它太厚了，我怕人们不会读，把它浓缩一下吧。”这些聪明人又长期努力地工作，几经删减之后，完成了一卷书。然而，国王还是认为太长了，又命令他们再浓缩，这些聪明人把一卷书浓缩为一章，又浓缩为一页，然后减为一段，最后变为一句话。

国王看到这句话后，显得很得意。“各位先生，”他说，“这真是各时代智慧的结晶，并且各地的人一旦知道这个真理，我们大部分的问题就可以解决了。”

这句话就是：“天下没有白吃的午餐。”

第一个进入太空的中国人杨利伟，为什么那么幸运？听听他的话我们就能明白：“现在我一闭上眼睛，座舱里所有仪表、电门的位置都能记得清清楚楚；随便说出舱里的一个设备名称，我马上可以想到它的颜色、位置、作用；操作时要求看的操作手册，我都能背诵下来，如果遇到特殊情况，我不看手册，也完全能处理好。”如果不是经过魔鬼训练的重重考验，他怎么能在众多的后备人选中把握住这个机会呢？

我们中国人做事讲究“天时、地利、人和”，充分的准备用现在的话来说，不外乎这些因素：

1. 创新意识

机遇是意外的、异常的，因而用常规方法抓住机遇是很困难的，这就需要有创新意识，能不断寻求新的对策和方法。

2. 判断力

在人们发现的机遇中，并不是每一个意外情况都有价值，都值得探索，都有成功的希望。这就需要准确判断，从各种机遇中抓住有希望的线索，抓住有价值、有潜在意义的线索。这一点对于确定是否进一步追究机遇所提供的线索有决定性意义。

3. 观察力

具有敏锐的观察力，才能及时捕捉到看起来微不足道的偶然事件。

4. 事业心

只有把自己的思想和行为与事业紧密相连的人，才有可能把机遇与发展事业、搞好工作联系起来，为了事业而刻意求索。头脑的准备，不仅是心理、意识的准备，而且还包括经验和知识的准备。因为处理机遇很难像一般事务那样有计划、有目的、有步骤，主要是凭自身的经验、知识的积累进行决策，因此你必须有丰富的经验、渊博的知识与合理的知识结构，这样，在机遇出现时，才能触类旁通，引起注意，努力思考，做出判断。现代社会竞争日趋激烈，一个机遇往往被几个人同时捕捉。在这种情况下，究竟谁能把捕捉到的机遇利用起来，这就要取决于实力的对比和竞争了。要取得随机决策的成功，机会和实力两个条件缺一不可。“机遇只偏爱有准备的头脑”，这是一句早为人们所熟稔的名言，其中所包含的朴素真理一次次为实践所证实。要想牢牢抓住机遇，就为机遇的来临做好准备吧。

无限风光在险峰

并不是每一个机会都是带着桂冠来到我们身边的，有些机遇往往戴着危险面罩，然而很多只看表面的人都望而却步。那些善于思考的人，往往能变“危机”为“良机”。

据有关媒体报道，2009 年，经济危机的影响全球。与 1873 年、1929 年的经济危机不同的是，1873 年只是美国国内的经济危机，1929 则是西方国家的经济危机，而 2009 年，是全球性的经济危机。

危机来临，股票狂跌、市场疲软、无数企业倒闭、工人失业、大学生就业困难，人们的生活陷入了混乱之中。但是，当危机肆虐的时候，难道我们就没有应对它的法宝了吗？答案是否定的。

从“危机”一词的组合中我们可以看出：危险中往往蕴藏着新的机会。那些善于思考的人，往往能变“危机”为“良机”。这里有三个故事，也许会给今后如果面临金融危机的我们一些启发。

第一个故事：

从前有一座名城中最繁华的街市失火，火势迅猛蔓延，数以万计的房屋商铺在一片火海之中顷刻之间化为废墟。有一位富商苦心经营了大半生的几间当铺和珠宝店，也恰在那条街市中。火势越来越猛，他大半辈子的心血眼看毁于一旦，但是他并没有让伙计和奴仆冲进火海，舍命抢救珠宝财物，而是不慌不忙地指挥他们迅速撤离，一副听天由命的

神态，令众人大惑不解。然后他不动声色地派人从家乡河流的沿岸平价购回大量木材、石灰。当这些材料像小山一样堆起来的时候，他又归于沉寂，整天逍遥自在，好像失火压根儿与他毫不相干。

大火烧了数十日之后被扑灭了，但是曾经车水马龙的街市，如今已经是墙倒房塌，一片狼藉。不几日，宫廷颁旨：重建这条街市，凡销售建筑用材者一律免税。于是城内一时大兴土木，建筑用材供不应求，价格陡涨。这个商人趁机抛售建材，获利颇丰，其数额远远大于被火灾焚毁的财产。

第二个故事：

有位经营肉食品的老板，在报纸上看到这么一则毫不起眼的消息：墨西哥发生类似瘟疫的流行病。他立即想到墨西哥瘟疫一旦流行起来，一定会传到美国，而与墨西哥相邻的两个州是美国肉食品的主要供应基地。

如果发生瘟疫，肉类食品供应必然紧张，肉价定会飞涨。于是他先派人去墨西哥探得真情后，立即调集大量资金购买大批菜牛和肉猪饲养起来。过了不久，墨西哥的瘟疫果然传到了美国这两个州，市场肉价立即飞涨。时机成熟了，他大量售出菜牛和肉猪，净赚百万美元。

第三个故事：

19 世纪美国加州发现金矿的消息使得数百万人涌向那里淘金。17 岁的小女孩雅木尔也加入了这个行列。一时间加州的淘金者面临着水源奇缺的威胁。人们大多数都没有淘到金，小雅木尔也未淘到金。可细心的小雅木尔却发现，远处的山上有水。她在山脚下挖开引渠，积水成塘，然后，她将水装进小桶里，每天跑几十里路卖水，不再去淘金，做没有成本的买卖，生意极好，可淘金者当中有不少人嘲笑她。许多年过去了，大部分淘金者空手而归，而雅木尔却赚得了6700万美元，成为当时很富有的人。

任何危机都蕴藏着新的机会，这是一条颠扑不破的人生真理。很多时候看起来毫无价值的信息，在会思考的人心中就是一个好机会。受苦的人会把不幸当成人生的痛苦，而积极向上的人总是能把苦难当成自己飞得更高的财富。

挑战自我，多给自己一个机会

美西战争爆发之时，美国总统必须马上与古巴的起义军将领加西亚取得联络。加西亚在古巴的大山里——没有人知道他的确切位置，可美国总统必须尽快得到他的合作。

有什么办法呢？

有人对总统说："如果有人能够找到加西亚的话，那么这个人一定是罗文。"于是总统把罗文找来，交给他一封写给加西亚将军的信。至于罗文中尉如何拿了信，用油纸袋包装好，上了封，放在胸口藏好；如何坐了四天的船到达古巴，再经过三个星期，徒步穿过这个危机四伏的岛国，终于把那封信送给加西亚——这些细节都不重要。

重要的是，美国总统把一封写给加西亚的信交给罗文，罗文接过信之后并没有问："他在什么地方？"

像罗文中尉这样的人，值得拥有一尊塑像，放在所有的大学里。太多人所需要的不仅仅是从书本上学习来的知识，也不仅仅是他人的一些教诲，而是要铸就一种精神：积极主动、全力以赴地完成任务——“把信送给加西亚”。

阿尔伯特·哈伯德所写的《把信送给加西亚》一书首次发表是在1899年，随后就风靡了整个世界。不仅是因为每一个领导都喜欢罗文这样的下属，更因为每一个人都从心底佩服罗文，佩服这个主动挑战任务的人。现代企业，迫切需要罗文，需要具有责任心和自动自发精神的好员工！而我们的人生，也同样渴望罗文精神。

彼得和查理一起进入一家快餐店，当上了服务员。他俩的年龄一样，也拿着同样的薪水，可是工作时间不长，彼得就得到了老板的褒奖，很快被加薪，而查理仍然在原地踏步。面对查理和周围人士的牢骚与不解，老板让他们站在一旁，看看彼得是如何完成服务工作的。

在冷饮柜台前，顾客走过来要一杯麦乳混合饮料。

彼得微笑着对顾客说：“先生，你愿意在饮料中加入一个还是两个鸡蛋呢？”

顾客说：“哦，一个就够了。”

这样快餐店就多卖出一个鸡蛋。在麦乳饮料中加一个鸡蛋通常是要额外收钱的。

看完彼得的工作后，经理说道：“据我观察，我们大多数服务员是这样提问的：先生，你愿意在你的饮料中加一个鸡蛋吗？而这时顾客的回答通常是：哦，不，谢谢。对于一个能够在工作中主动解决问题、主动完善自身的员工，我没有理由不给他加薪。”

其实这个道理很简单：比别人多努力一些、多思考一些，就会拥有更多的机会。

对很多人来说，每天的工作可能是一种负担、一项不得不完成的任务，他们并没有做到工作所要求的那么多、那么好。对每一个企业和老板而言，他们需要的绝不是那种仅仅遵守纪律、循规蹈矩，却缺乏热情和责任感，不够积极主动、自动自发的人。

工作需要自动自发，而那些整天抱怨工作的人，是永远都不会“把信送给加西亚”的，他们或者出发前就胆怯了；或者遇到苦难而中途放弃；或者弄丢了这封重要的信，害怕惩罚而逃走；或者被敌人发现，背叛写信人。这样的人是非常狭隘的，他的人生又能有多广阔？其实，我们每个人都可以把自己的目标当成一次“把信送给加西亚”的任务，这是一次挑战自己的机会，也是实现自我、突破自我的机会。

机遇没有彩排，只有直播

许多人坐等机会，希望好运从天而降，这些人往往难成大事。成功者积极准备，一旦机会降临，便能牢牢地把握。机遇对于每个人来说，没有彩排，只有直播，你没有把握住的话，只能等着自己出丑。

当机遇到来时，如果你没有提前为机会做好准备，就会将它习惯性地丢掉，与它失之交臂。生活中不是机遇少，只是我们对机遇视而不见。

这就和许多发明创造一样，看起来是偶然，其实那些发现和发明并非偶然得来的，更不是什么灵机一动或运气极佳。事实上，在大多数情形下，这些在常人看来纯属偶然的事件，不过是从事该项研究的人长期苦思冥想的结果。

人们常常引用苹果砸在牛顿的脑袋上，导致他发现万有引力定律这一例子，来说明所谓纯粹偶然事件在发现中的巨大作用。但人们却忽视了，多年来，牛顿一直在为重力问题苦苦思索、研究这一现象的艰辛过程。苹果落地这一常见的日常生活现象之所以为常人所不在意，而能激起牛顿对重力问题的理解，能激起他灵感的火花并进一步做出异常深刻的解释，这是因为牛顿对重力问题有深刻的理解的结果。生活中，成千上万个苹果从树上掉下来，却很少有人能像牛顿那样引发出深刻的定律出来。

同样，从普通烟斗里冒出来的五光十色像肥皂泡一样的小泡泡，这在常人眼里就跟空气一样普通，但正是这一现象使杨格博士创立了著名的光干扰原理，并由此发现了光衍射现象。

人们总认为伟大的发明家总是论及一些十分伟大的事件或奥秘，其实像牛顿和杨格以及其他许多科学家，他们都是研究一些极普通的现象。他们的过人之处在于能从这些人所共见的普遍现象中揭示其内在的、本质的联系，而这些都是凭着他们的全力以赴钻研得来的。只有这样为机遇做好了充分的准备，才能发现机遇，进而更好地抓住机遇。

所罗门说过：“智者的眼睛长在头上，而愚者的眼睛是长在脊背上的。”心灵比眼睛看到的东西更多。有些人走上成功之路，不乏来自于偶然的机遇。然而就他们本身来说，他们确实具备了获得成功机遇的才能。

好运气更偏爱那些努力工作的人。没有充分的准备和辛勤的汗水，机会就会眼睁睁地从身边溜走。对于机遇，它意味着需要你忍受无法忍受的艰苦和穷困，以及献身工作的漫漫长夜。只有为所从事的工作有充分的准备时，机会才会来临。

拿破仑·希尔说，任何人只要能够定下一个明确的目标，坚守这个目标，时时刻刻把这个目标记在心中，那么，必然会获得意想不到的结果。

在日常生活中，常常会发生各种各样的事，有些事使人大吃一惊，有些事却毫无惊人之处。一般而言，使人大吃一惊的事会使人倍加关注，而平淡无奇的事往往不被人所注意，但它却可能包含着重要的意义。一个有敏锐洞察力的人，他会独具慧眼，留心周围小事的重要意义。人们也不能把目光完全局限于“小事”上，而是要“小中见大”“见微知著”。只有这样，才能有更多发现机遇的机会。我们应当随时为机遇做好热身，努力向着自己的目标奋斗，为目标准备，才能够在机会来临的时候大显身手，否则在机会来临的时候自己手忙脚乱，或者不知所措，只能让机会白白地从身边溜走。人不能躺在那里等待机遇，只有事先做好充分的准备，在机遇来临时才有可能抓住机遇，获得成功。

躺着思想，不如站起来行动

成功地将一个好主意付诸实践，比在家里空想出 1000 个好主意要有价值得多。没有行动，再远大的目标只是目标，再完美的设想也仅仅是设想，要想使其变为现实，必须付出行动。

临渊羡鱼，不如退而结网。与其羡慕幻想，不如马上行动。有条件不做等于没有条件，没有条件可以在做的过程中创造条件。想法只有化作行动，才有达成愿望的可能，否则想法永远是想法。

想到了就去做，人的潜能是无法预测的。只要有了好的想法，然后立即行动，相信谁都可以成功，关键看你是否将想法付诸于行动。

从前有两个和尚，一个很有钱，每天过着舒舒服服的日子；另一个很穷，每天除了念经时间外，就得到外面去化缘，日子过得非常清苦。

有一天，穷和尚对有钱的和尚说："我很想去拜佛，求取佛经，你看如何？"

有钱的和尚说："路途那么遥远，你怎么去？"

穷和尚说："我只要一个钵、一个水瓶、两条腿就够了。"

有钱的和尚听了哈哈大笑，说："我想去也想了好几年，一直没成行的原因就是旅费不够。我的条件比你好，我都去不成，你又怎么去得了？"

然而，过了一年，穷和尚回来，还带了一本佛经送给了有钱的和尚。有钱的和尚看他果真实现了愿望，惭愧得面红耳赤，一句话也说不出来。

我们并不能在行动之前把所有可能遇到的问题统统消除，但是我们可以在行动中克服各种困难。

正因为有不少人总想着等到有100%把握了才行动，反而陷入了行动前的永远等待中。有的人甚至连一个小小的愿望都要等到所有条件都满足后才开始行动。你不可能等到所有条件都成熟后再行动。如果是那样，恐怕也就错过最佳的时机了。

正因为如此，很多人一辈子干不成一件事情，永远处于等待中。只有那些想到就马上动起来的人，才是真正能改变现状的人。

"想到就去做"这好像是一句广告词。说起来，人人皆知，可又有几个人能真的"想到就去做"呢？

美国成功学家格林演讲时，曾不止一次地对听众开玩笑说，全球最大的航空速递公司——联邦快递（FedEx）其实是他构想的。

格林没说假话，他的确曾有过这个主意。20 世纪 60 年代格林刚刚起步，为公司做中介工作，每天都在为如何将文件在限定时间内送往其他城市而苦恼。

当时，格林曾经想到，如果有人开办一个能够将重要文件在 24 小时之内送到任何目的地的服务，该有多好！

这想法在他脑海中停留了好几年，他也经常和人谈起这个构想，遗憾的是，他没有采取行动，直到一个名叫弗列德·史密斯的人（联邦快递的创始人）真的把它转换为实际行动。从而，格林也就与开创事业的大好机会擦身而过了。

可见，行动才是最终决定力量，无论你的计划多么详尽、语言多么动听，你不开始行动，就永远无法达到目标。在一生中，我们有着种种计划，若能够将一切憧憬都抓住，将一切计划都执行，那么，事业上所取得的成就将是多么的伟大！

吃得苦中苦，方为人上人

人生的痛苦永远多于快乐。一个人的降生就意味着痛苦的开始，而一个人生命的结束，则是痛苦的终结。人的一生，就是不断地与痛苦抗争的过程。人生的意义，就在于从与痛苦的抗争中寻找少许的欢乐。

现在，很多人活得很累，过得也不快乐。其实，人只要生活在这个世界上，就有很多烦恼。痛苦或是快乐，取决于你的内心。人不是战胜痛苦的强者，便是屈服于痛苦的弱者。再重的担子，笑着也是挑，哭着也是挑。再不顺的生活，微笑着撑过去了，就是胜利。

人生没有痛苦，就会不堪一击。正是因为有痛苦，所以成功才那么美丽动人；因为有灾患，所以欢乐才那么令人喜悦；因为有饥饿，所以佳肴才让人觉得那么甜美。正是因为有痛苦的存在，才能激发我们人生的力量，使我们的意志更加坚强。

瓜熟才能蒂落，水到才能渠成。和飞蛾一样，人的成长必须经历痛苦挣扎，直到双翅强壮后，才可以振翅高飞。

人生若没有苦难，我们会骄傲；没有挫折，成功不再有喜悦，更得不到成就感；没有沧桑，我们不会有同情心。因此，不要幻想生活总是那么圆满，生活的四季不可能只有春天。每个人的一生都注定要跋涉沟沟坎坎，品尝苦涩与无奈，经历挫折和失意。痛苦，是人生必须经历的一课。

因此，在漫长的人生旅途中，苦难并不可怕，受挫折也无须忧伤。只要心中的信念没有萎缩，你的人生旅途就不会中断。艰难险阻是人生对你的另一种形式的馈赠，坑坑洼洼也是对你的意志的磨炼和考验——大海如果缺少了汹涌的巨浪，就会失去其雄浑；沙漠如果缺少了狂舞的飞沙，就会失去其壮观；如果维纳斯没有断臂，那么就不会因为残缺美而闻名天下。生活如果都是两点一线般的顺利，就会如白开水一样平淡无味。只有酸甜苦辣咸五味俱全才是生活的全部，只有悲喜哀痛七情六欲全部经历才算是完整的人生……

所以，你要从现在开始，微笑着面对生活，不要抱怨生活给了你太多的磨难，不要抱怨生活中有太多的曲折，更不要抱怨生活中存在的不公。

当你走过世间的繁华与喧嚣，阅尽世事，你会明白：痛苦，是人生必须经历的过程！

敢于冒险的人生有无限可能

其实人世间好多事情，只要敢做，多少会有收获。尤其是在困境中，如果能拿出视死如归的勇气，必能化险为夷，任何困难都将迎刃而解。

在非洲的塞伦盖蒂大草原上，每年夏天，上百万只角马从干旱的塞伦盖蒂北上迁移到马赛马拉的湿地，这群角马正是大迁移的一部分成员。

在这艰辛的长途跋涉中，格鲁美地河是唯一的水源。这条河与迁移路线相交，对角马群来说既是生命的希望，又是死亡的象征。因为角马必须靠喝河水维持生命，但是河水还滋养着其他生命，例如灌木、大树和两岸的青草，而灌木丛还是猛兽藏身的理想场所。冒着炎炎烈日，口渴的角马群终于来到了河边，狮子突然从河边冲出，将角马扑倒在地。角马群扬起遮天的尘土，挡住了离狮子最近的那些角马的视线，一场厮杀在所难免。

在河流缓慢的地方，又有许多鳄鱼藏在水下，静等角马到来。有时湍急的河水本身就是一种危险。角马群巨大的冲击力将领头的角马挤入激流，它们若不是淹死，就是丧生于鳄鱼之口。

这天，角马们来到一处适于饮水的河边，它们似乎对这些可怕的危险了如指掌。领头的角马慢慢地走向河岸，每头角马都犹犹豫豫地走几步，嗅一嗅，叫一声，不约而同地又退回来，进进退退像跳舞一般。它们身后的角马群闻到了水的气息，一齐向前挤来，慢慢将“头马”们向水中挤去，不管它们是否情愿。角马群已经有很长时间没饮过水，你甚至能感觉到它们的绝望，然而舞蹈仍然继续着。

过了三个小时，终于有一只小角马“脱群而出”，开始饮水。为什么它敢于走入水中，是因为年幼无知，还是因为渴得受不了？那些大角马仍然惊恐地止步不前，直到角马群将它们挤到水里，才有一些角马喝起水来。不久，角马群将一头角马挤到了深水处，它恐慌起来，进而引发了角马群的一阵骚乱。然后它们迅速地从河中退出，回到迁移的路上。只有那些勇敢地站在最前面的角马才喝到了水，大部分角马或是由于害怕，或是无法挤出重围，只得继续忍受干渴。每天两次，角马群来到河边，一遍又一遍地重复着这仪式。一天下午，一小群角马站在悬崖上俯视着下面的河水，向上游走100米就是平地，它们从那里很容易到达河边。但是它们宁可站在悬崖上痛苦地叫，却不肯向着目标前进。

生活中的你是否也像角马一样？是什么让你藏在人群之中，忍受着对成功之水的渴望？是对未知的恐惧，害怕潜藏的危险？还是你安于平庸的生活，放弃了追求？大多数人只肯远远地看着别人成功，自己却忍受干渴的煎熬。不要让恐惧阻挡你的前进，不要等待别人推动你前进。只有勇于冒险的人才可能成功。要知道，成就和风险是成正比的。世界上很少有报酬丰厚却不需承担任何责任的便宜事。怕担风险，只会让自己和成功无缘。

苹果电脑公司是闻名世界的企业。大家只知乔布斯是苹果电脑创办人，其实30年前，他是与两位朋友一起创业的，其中一名叫惠恩的搭档，人称美国最没眼光的合伙人。

惠恩和乔布斯是街坊，大家都爱玩电脑，两人与另一朋友合作，制造微型电脑出售。这是又赚钱又好玩的生意，三个人十分投入，并且成功制造出“苹果一号”电脑。在筹备过程中，用了很多钱。这三位青年来自中下阶层家庭，根本没有什么资本可言，大家四处借贷，请求朋友帮忙，惠恩只筹得 1/10 的资本。不过，乔布斯没有怨言，仍成立了苹果电脑公司，惠恩也成为小股东，拥有 1/10 的股份。

“苹果一号”以 660 美元出售，原本以为只能卖出一二十台，岂料大受市场欢迎，总共售出 150 台，收入近 10 万美元，扣除成本及债项，赚了 4.8 万美元，惠恩只分得 4800 美元，但当时已是一笔丰厚的回报。不过，惠恩没有收到这笔红利，只是象征性地拿了 500 美元作为工资，甚至连那 1/10 的股份也不要，急于退出苹果电脑。

苹果电脑后来发展成超级企业，如果惠恩当年就算什么也不做，单单继续持有那 1/10 股权，今时今日，应该有 8 亿～ 10 亿美元的身价。事实上，乔布斯的另一位搭档，也是凭股份成为亿万富翁的。

为什么惠恩当年愿意放弃一切？原来他很怕乔布斯，因为对方太有野心了。后来他向媒体说：“为什么我要马上离开苹果公司，要回 500 美元就算了？因为我怕乔布斯太过激进，日后可能会令公司负上巨额债项，那时我也要替公司负上 1/10 的责任！”转念间，惠恩终生与财富绝缘。

勇气是人生的发动机，勇气能创造奇迹，勇气能战胜一切困难。试想，如果我们事事都能拿出破釜沉舟的勇气和决心，那么世间还有什么困难而言！

与其等待机会，不如创造机会

诺贝尔的一生和炸药紧密相连，炸药带给他欢乐，也带给他痛苦，带给他责骂，也带给他赞扬。

诺贝尔的父亲就是一个炸药爱好者，很小的时候，诺贝尔就看见父亲研究炸药。父亲研制的水雷曾被俄军用于克里米亚战争中，用来阻挡英国舰队的前进。由于父亲经常换工作，诺贝尔所受的教育多半来自家庭教师。

17 岁时，诺贝尔以工程师的名义到了美国，在有名的艾利逊工程师的工场里实习。实习期满后，他又到欧美各国考察了四年，才回到家中。不久，父亲从俄国搬回瑞典。当时正是采矿业发展的时期，对性能稳定的炸药需求旺盛，诺贝尔决定改进炸药生产。

在诺贝尔之前，中国“四大发明”之一的黑色火药早已传到欧洲。但黑色火药的威力不够大，而另一种新的炸药又是个“爆脾气”，容易爆炸，制造、存放和运输都很危险，人们不知道该怎么使用它。诺贝尔的哥哥曾试图制造出更好的炸药，但却没有实用价值。诺贝尔和他的弟弟一起建立了实验室，继续哥哥的研究。经过多次的试验，诺贝尔终于发明了使硝化甘油爆炸的有效方法，并取得了这项发明的专利权。初获成功之后，意外却降临了。1864 年 9 月 3 日，实验室发生爆炸，当场炸死了五人，其中包括诺贝尔的弟弟。这场事故不仅让诺贝尔失去了亲人，也失去了邻居们的信任。再也没有人愿意他在附近建实验室，诺贝尔只好把设备转移到一只船上。几经波折，诺贝尔还是建造了世界上第一个硝化甘油工厂。

但这并不是故事的结尾。世界各国买了他制造的硝化甘油，经常发生爆炸事故：美国的一列火车，因炸药爆炸，成了一堆废铁；德国的一家工厂，因炸药爆炸，厂房和附近民房变成一片废墟；“欧罗巴号”海轮，在大西洋上遇到大风颠簸，引起硝化甘油爆炸，船沉人亡。世界各国对硝化甘油失去信心，但诺贝尔没有灰心，而是去想办法解决硝化甘油不稳定的问题。

1867 年 7 月 14 日，诺贝尔拉来火药需求商，在他们面前表演了一个重要的节目：他先在一箱安全炸药上点燃木柴，结果没有爆炸；再把一箱安全炸药从大约 20 米高的山崖上扔下去，结果，也没有爆炸；然后，他在石洞中装入安全炸药，用雷管引爆，结果都爆炸了。这次实验，获得了完全的成功，给参观的人留下了深刻的印象；诺贝尔的安全炸药，确实是安全的。不久，诺贝尔成立了安全炸药托拉斯，向全世界推销这种炸药。如果诺贝尔等着客户来找自己，他可能永远都在自己的小山沟中做实验，走不出实验的范畴。但是既然没有人找到他，他就把别人找过来。炸药的安全性不需要多言，通过对比就一目了然了，别人看了他的炸药，还有什么好怀疑的呢？

诺贝尔的故事适合那些自认为怀才不遇的人，当你真的有才华的时候，就要创造机会来表现自己的才华！事实上，绝大部分人的成功都是靠自己争取得来的，坐等机会的人，很少能遇到天时地利的时候。

再大的风浪我们也要远航

如果你拥有一颗积极向上、勇于攀登的心，就能够在逆境中找到快乐。即使再大的风浪，我们也能扬帆远航。

17世纪法国启蒙哲学家卢梭曾经说过:“一个真正了解幸福的人，无论什么样的打击都无法使他潦倒。”美国小说家马克·吐温也曾说过:“人生在世，必须善处逆境，万不可浪费时间，做无益的烦恼，最好还是平心静气地去办事，想出补救的办法来。辛勤的蜜蜂，永远没有时间悲哀。杰出的人们，会在逆境中磨砺意志，卧薪尝胆，厉兵秣马，展现非凡的人生风采。”

在现实生活中，假如你没有被逆境所吓倒，反而以乐观的态度，把它们想象成理所当然的，那么，你就极有可能把逆境变成顺境的前奏。

为了做到这点，光是有钱、有荣誉、有个漂亮妻子，还是不够的——这些福分都是无常的，而且也很容易习惯。为了不断地感到幸福，甚至在苦恼和愁闷的时候也感到幸福，那就需要：善于满足现状，很高兴地感到:“事情原来可能更糟。”要做到这点其实并不难。

要是火柴在你的衣袋里燃起来了，那你应当高兴，而且感谢上苍:“多亏你的衣袋不是火药库。”

要是你的手指头扎了一根刺，那你应当高兴:“挺好，多亏这根刺不是扎在眼睛里！”

要是有穷亲戚上门来找你，那你不要脸色发白，而要喜气洋洋地叫道:“挺好，幸亏来的不是警察！”

如果你不是住在边远的地方，那你一想到命运总算没有把你送到边远的地方去，你岂不觉着幸福?

如果你的妻子或者小姨练钢琴，那你不要发脾气，而要感激这份福气:“你是在听音乐，而不是听狼嗥或者猫的音乐会。”

你该高兴，因为你不是劳累的马，不是微小的旋毛虫，不是供人宰割的猪，不是愚蠢的驴，不是笼子里关的熊，不是人见人厌的臭虫……你要高兴，因为眼下你没有坐在被告席上，更没有看见债主在你面前。

要是你给送到警察局去了，那就该乐得跳起来，因为多亏没有把你送到地狱的大火里去。

要是你有一颗牙痛起来，那你就该高兴，幸亏不是满口的牙痛起来。

要是你的妻子对你变了心，那就该高兴，多亏她背叛的是你，不是国家。

要是你挨了一顿木棍子的打，那就该蹦蹦跳跳，叫道：“我多么有运气，人家总算没有拿带刺的棒子打我！”

依此类推。只要按这种乐观的方法去做，你的生活就会变得欢乐无穷了。

而在困境中，除了乐观之外，我们还须得有征服困难的坚强意志。没有这种意志的人们常常浸泡在痛苦中。一道道伤痕，一次次心痛，一遍遍泪水，让他们自怨自怜悲叹不已，丧失了做人的斗志。

幸福来源于我们自己，不幸是命运强加给我们的。战胜命运，就是我们的幸福，没有战胜命运，就是我们的不幸。许多逆境通常是好的开始。有人在逆境中成长，也有人在逆境中跌倒，这其中的差别，就在于我们如何看待。硬是在地上赖着，爬不起来的人，注定只能继续哭泣，而能立刻站起来的人却能成就更好的自己。幸福

是甘美的，如同一杯美酒，越陈越醉人，也越容易被人喝干。

而且，逆境会让人变得更深刻，顺境却容易让人变得浅薄。霍兰德说：“在黑暗的土地上生长着最娇艳的花朵，那些最伟岸挺拔的树林总是在最陡峭的岩石中扎根，昂首向天。”人生中，并不是每一次不幸都是灾难，早年的逆境通常是一种幸运。与困难做斗争不仅磨炼了我们的意志，也为日后更为激烈的竞争准备了丰富的经验。

有的时候，顺境会变成一个陷阱，因为身处顺境的人很容易为眼前的景致所迷惑而失去危机意识，历史上人生一帆风顺而最后身遭其祸的人举不胜举，在这里，成功反而成为失败之母。在逆境中，有的人自杀，有的人疯狂，也有的人化作不死鸟，涅槃后而重生，从他身上发出的光照亮了世间各个角落。

无论多大的苦难，多大的风浪，也无法磨掉我们的斗志，无法抹杀我们与命运搏斗做出的努力。只有在逆境中我们才能真正了解快乐与幸福是什么！只有在逆境中我们才能真正正视自我！只有在逆境中我们才能真正获得快乐与幸福！一个热爱生活的人，必定善于面对生活中的逆境。或许，对于那些经历了许多风风雨雨的人来说，可以深刻体味出其中的滋味——在风浪中起航，更能体验到快乐！

第八章

你想要的人生，一切都有可能

——只要敢想，你就行

井底之蛙，永远看不到辽阔的大海

故步自封和过度的自我满足让人的世界变得越来越小。而有些人宁可在暂时的安逸中沉湎，也不愿提高自身的能力和竞争力以适应环境变化。这种做法和文中的两只青蛙所做出的反应，几乎同出一辙。

有一只青蛙生活在井里，那里有充足的水源。它对自己的生活很满意，每天都在欢快地歌唱。

有一天，一只鸟儿飞到这里，便停下来在井边歇歇脚。青蛙主动打招呼说："喂，你好，你从哪里来啊？"

鸟儿回答说："我从很远很远的地方来，而且还要到很远很远的地方去，所以感觉很劳累。"

青蛙很吃惊地问："天空不就是那么大点吗？你怎么说是很遥远呢？"

鸟儿说："你一生都在井里，看到的只是井口大的一片天空，怎么能够知道外面的世界呢？"

青蛙听完这番话后，惊讶地看着鸟儿，一脸茫然和失落。

这是一个我们早已熟知的故事，或许你会感到好笑，但在现实生活中，仍可以见到许许多多的"井底之蛙"陶醉在自我的狭小领域中。这种自以为是的自足自得，只会导致眼光的短浅和心胸的狭隘。信息的落后和自我张狂会让自己和现实离得越来越远。特别是在竞争日趋激烈的今天，故步自封和过度的自我满足只会让你的世界越来越小，并时刻有被淘汰的危险。因此，每个人都应该走出“小我”，积极地提升自身的能力，开阔自己的视野，这样才能在汹涌的时代大潮中立于不败之地。

下面，我们再讲一个有关于青蛙的故事。

在19世纪末，美国康乃尔大学做过一次有名的青蛙实验。他们把一只青蛙冷不防丢进煮沸的油锅里，在那千钧一发的生死关头，青蛙用尽全力，一下就跃出了那势必使它葬身的滚烫的油锅，跳到锅外的地面上，安全逃生。

半小时后，他们使用同样的锅，在锅里放满冷水，然后又把那只死里逃生的青蛙放到锅里，接着用炭火慢慢烘烤锅底。青蛙悠然地在水中享受“温暖”，等它感觉到承受不住水的温度必须奋力逃命时，却发现为时已晚，欲跃无力。青蛙全身瘫痪，终于葬

身在热锅里。

在生活中，我们随处可以看到，许多人安于现状，不思进取，在浑浑噩噩中度日，害怕面对不断变化的环境，更不愿增强自己的本领，去发挥自身的优势以适应变化。最终在安逸中消磨了所有的生命能量。

不少人会有这样的体验，虽然每天准时上班，每天按计划完成该做的事，但总觉得生活得呆板，缺乏活力。似乎该做的事都已经做了，生活中再也找不到还能去做选择和努力的地方。曾经就有这样一个人们一致公认的成功人士，竟爬上楼顶，从上面跳了下去。

问题出在哪里？从表面上看，他是因为反复循着同样的生活方式，没有新鲜的感受，没有新的创意，产生了厌倦和疲劳，身心感到耗竭。

再往更深的层次看，也许是目标定得不够高，成功后就再看不到更高的奋斗目标了；也许有着不切实际的预期。这样，无论他的学业、事业多么成功，都无法达到预期的要求；也许是认识不到自己工作的成就和价值；也许是把自己的目标定得太窄，于是生活变得刻板，没有生气。

美国的本杰明·富兰克林是举世闻名的政治家、外交家、科学家和作家。他的多方面才能令人惊叹：他4次当选宾夕法尼亚州的州长；他制定出《新闻传播法》；他发明了口琴、摇椅、路灯、避雷针、两块镜片的眼镜、颗粒肥料；他设计了富兰克林式的火炉和夏天穿的白色亚麻服装；他最先组织消防厅；他首先组织道路清扫部；他是政治漫画的创始人；他是出租文库的创始人；他是美国最早的警句家；他是美国第一流的新闻工作者，也是印刷工人；他创设了近代的邮信制度；他想出了广告用插图；他创立了议员的近代选举法；他的自传是世界上所有自传中最受欢迎的自传之一，仅在英国和美国就重印了数百版，现在仍被广泛阅读……

诚然，像富兰克林这样敢于尝试，并在各方面都显示出卓越才能的人是少见的。可是，这也足以说明：只要愿意，人无所不能。作为普通人，虽然我们不可能在各方面都有所建树，但如果我们敢于求新求变，试着涉足更广阔的领域，即使不能扬名立万，也会使生活变得更加丰富多彩。长期单调乏味的生活常常会使最有耐性的人也觉得忍无可忍，读到这里，你完全应该相信：你还可以做好很多事情。

走出囚禁思维的栅栏

有时，我们固有的思维就是囚禁自己的“栅栏”，要还创造力以自由，首先要做的便是突破常规思维。

世界上没有两片完全相同的树叶，同样，世界上也没有两个完全相同的人。每个人自身的独特性，造成其别具一格的思维方式，每个人都可以走出一条与众不同的发展道路来。但保持个性的同时，也应追求突破创新，否则，你将陷入自身思路的“圈套”当中。

每个人都会有“自身携带的栅栏”，若能及时地从中走出来，实在是一种可贵的警悟。独一无二的创新精神，勇于进取，绝不自损、自贬，在学习生活中勇于独立思考，在日常生活中善于注入创意，在职业生活中精于自主创新，正是能够从自我囚禁的“栅栏”里走出来的鲜明标志。形成创造力自囚的“栅栏”，通常有其内在的原因，是由于思维的知觉性障碍、判断力障碍以及常规思维的惯性障碍所导致的。知觉是接受信息的通道，知觉的领域狭窄，通道自然受阻，创造力也就无从激发。这条通道要保持通畅，才能使信息流丰盈、多样，使新信息、新知识的获得成为可能，使得信息检索能力得到锻炼，不断增长其敏锐的接收能力、详略适度的筛选能力和信息精化的提炼能力，这是形成创新心态的重要前提。判断性障碍大多产生于心理偏见和观念偏离。要使判断恢复客观，首先需要矫正心理视觉，使之采取开放的态度，注意事物自身的特性而不囿于固有的见解或观念。这在新事物迅猛增殖、新知识快速增加的当今时代，尤其值得重视。

要从自囚的“栅栏”走出来，还创造力以自由，首先就要还思维状态以自由，突破常规思维。在此基础上，对日常生活保持开放的、积极的心态，对创新世界的人与事，持平视的、平等的姿态，对创造活动，持成败皆为收获、过程才最重要的精神状态，这样，我们将有望形成十分有利于创新生涯的心理品质，并且及时克服内在消极因素。

成功的人往往是一些不那么“安分守己”的人，他们绝对不会因取得一些小小的成绩而沾沾自喜，获得一点小成功就停下继续前行的脚步。因此，只有突破旧我，才能获得又一次的蜕变，人生才会呈现更好的局面。

不向习惯低头，敢于挑战权威

迷信权威便会失去自我的判断，这样一来，我们便失去了最有用的东西。

生活中有很多权威和偶像，他们会禁锢你的头脑，束缚你的手脚。如果盲目地附和众议，就会丧失独立思考的习性；如果无原则地屈从他人，就会被剥夺自主行动的能力。

任何知识都是相对的，它们具有先进性，也有自己的局限性。有些人虽然知识不多，但初生牛犊不怕虎，思想活跃，敢于奋力拼搏，反而增加了成功的希望。权威人士常因为头脑中有了定型的见解和习惯，甚至是自己苦心研究得到的有效成果，因而紧紧抱住不放，遇到同类事项总是以习惯为标准去衡量，而不愿去思考别人的意见，哪怕是更好更有效的办法。结果，曾经先进过的东西或习惯有时反而会成为创新的障碍。

将一杯冷水和一杯热水同时放入冰箱的冷冻室里，哪一杯水先结冰？很多人都会毫不犹豫地回答："当然是冷水先结冰了！"非常遗憾，错了。发现这一错误的是一个非洲中学生姆佩姆巴。

1963年的一天，坦桑尼亚的马干马中学初三学生姆佩姆巴发现，自己放在电冰箱冷冻室的热牛奶比其他同学的冷牛奶先结冰。这令他大惑不解，并立刻跑去请教老师。老师则认为，肯定是姆佩姆巴搞错了。姆佩姆巴只好再做一次试验，结果与上次完全相同。

不久，达累斯萨拉姆大学物理系主任奥斯玻恩博士来到马干马中学。姆佩姆巴向奥斯玻恩博士提出了自己的疑问，后来奥斯玻恩博士把姆佩姆巴的发现列为大学二年级物理课外研究课题。随后，许多新闻媒体把这个非洲中学生发现的物理现象，称为"姆佩姆巴效应"。

很多人认为是正确的，并不一定就真的正确。像姆佩姆巴碰到的这个似乎是常识性的问题，我们稍不小心，便会像那位老师一样，做出错误结论。

著名的实用主义哲学家威廉·詹姆斯，曾经谈过那些从来没有发现他们自己的人。他说一般人只发展了10%的潜在能力。“他具有各种各样的能力，却习惯性地不懂得怎么去利用。”

告诉自己：你是独一无二的，你是最棒的，做最独特、最棒的自己才是我们的选择。

洛威尔说：“茫茫尘世，芸芸众生，每个人必然都会有一份适合他的工作。”

在个人成功的经验之中，保持自我的本色及以自身的创造力去赢得一个新天地，是最有意义的。

权威的意见固然有他的缘由所在，然而权威只能作为我们人生的参考，却不能取代我们对自己人生的独立思考。权威可能今天是权威，不代表永远是权威。更何况，权威有很多，你是听信哪个呢？权威不代表真理！如果你多问几句，这是真的吗？如果你改变一下，这次不这样做，结果会是怎样？如果你说不，又会是怎样？不要害怕自己的决定会是错的，因为权威们也不知道真正的事实到底是什么，他们也是以自己的经验做判断。相信自己的决断是正确的，你也实现了自我突破。自我突破走出自己的一条路，是面对权威做出的正确选择，也是实现自我价值的出路所在。

著名物理学家杨振宁谈到科学家的胆魄时曾说：“当你老了，你会变得越来越习惯于舒服……因为一旦有了新想法，马上会想到一大堆永无休止的争论。而当你年轻力壮的时候，却可以到处寻找新的观念，大胆地面对挑战。”为什么有些大人物成名之后辉煌难再？其重要原因之一恐怕就在这里。反对研制飞机的那些科学大师们就是这样。因此，我们应该不向习惯低头，敢于挑战权威。

敢于创新，成功才能降临

创新并不是什么高深的学问，它确有方法可循，简单的改变往往就能收获到巨大的成功。

一个没有创新能力的人是可悲的人，一个没有创新意识的人是缺少希望的人。一个人若想改变当前的境遇，必须不断创新。只有锐意创新，成功才会降临到你头上。

日本有一家高脑力公司。公司上层发现员工一个个萎靡不振，面色憔悴。经咨询多方专家后，他们采纳了一个最简单而别致的治疗方法——在公司后院中用圆滑光润的800个小石子铺成一条石子小道。每天上午和下午分别抽出15分钟时间，让员工脱掉鞋在石子小道上随意行走散步。起初，员工们觉得很好笑，更有许多人觉得在众人面前赤足很难为情。但时间一久，人们便发现了它的好处，原来这是极具医学原理的物理疗法，起到了一种按摩的作用。

一个年轻人看了这则故事，便开始着手他火红的生意。他请专业人士指点，选取了一种略带弹性的塑胶垫，将其截成长方形，然后带着它回到老家。老家的小河滩上全是光洁漂亮的小石子。在石料厂将这些拣选好的小石子一分为二，一粒粒稀疏有致地粘满胶垫，干透后，他先踩上去反复试验感觉，反复修改了好几次后，确定了样品，然后就在家乡批量生产。

后来，他又把它们分为好几个规格，产品一生产出来，他便尽快将产品鉴定书等手续一应办齐，然后在一周之内就把能代销的商店全部上了货。将产品送进商店只完成了销售工作的一半，另一半则是要把这些产品送进顾客手里。随后的半个月内，他每天都派人去做免费推介员。商店的代销稳定后，他又开拓了一项上门服务：为大型公司在后院中铺设石子小道；为幼儿园、小学在操场边铺设石子乐园；为家庭装铺室内石子过道、石子浴室地板、石子健身阳台等。一块本不起眼的地方，一经装饰便成了一块小小的乐园。

紧接着，他将单一的石子变换为多种多样的材料，如七彩的塑料、珍贵的玉石，以满足不同人士的需要。

800 粒小石子就此铺就了一个人的成功之路。

不要担心自己没有创新能力，慧能和尚说："下下人有上上智。"创新能力与其他能力一样，是可以通过教育、训练而激发出来并在实践中不断得到提高的。它是人类共有的可开发的财富，是取之不尽、用之不竭的"能源"，并非为哪个人、哪个民族、哪个国家所专有。

因此，人人都能创新。

你现在需要做的就是不断激发自己的创新能力，多一些想法，多一些创造。那么成功迟早会来临。

培育创新能力要克服创新障碍，更要懂得方法。该如何培育创新能力呢？下面的 4 个步骤将给你提供帮助。

1. 全面深入地探讨创新环境

创新不是在真空中产生，而是来自艰苦的工作、学习和实践中。如果你正为一项工作绞尽脑汁，想在这个具体的问题上有所建树，那么，你需要全身心地投入到这项工作中，对其关键的问题和环节做深入的了解，对这项工作进行批判的思考，通过与他人讨论来搜集各种各样的观点，思考你自己在这个领域的经验。总之，要全面深入地探讨创新环境，为创新准备"土壤"。

2. 让脑力资源处于最佳状态

在对创新环境有了全面的认识之后，就可以把你的精力投入到手头的工作上来了。要为你的工作专门腾出一些时间，这样你就能不受干扰，专注于你的工作了。当人们专注于创新的这个阶段时，他们一般就完全意识不到发生在他们周围的事，也没有了时间的概念。当你的思维处于这种最理想的状态时，你就会竭尽全力地做好你的工作，挖掘以前尚未开发的脑力资源——一种深入的、“大脑处于最佳工作状态”的创新思路。

让脑力资源处于最佳状态，对于“思想做好准备”是很必要的，我们可以通过以下几种方式来做到让脑力资源处于最佳状态：

（1）调节。当我们进入教室，我们就会使自己适应这里的气氛，表现出专注和认真，你可以用同样的方式来调节你在学习环境中的注意力，在选择学习环境时，要考虑到它是否有利于你专心。

（2）心理习惯。每个人都具有大量的习惯性的行为，有的行为是积极的，有的则是消极的，大多数则居于两者之间。学习需要全身心地集中和投入，这意味着你要改掉影响全身心投入的坏习惯，如同时总想做好几件事，或用有限的时间去完成很重要的任务。同时，要使脑力资源处于最佳状态，还包括要养成新的心理习惯：找一个合适的地方，调配足够的时间，进行认真的和有创意的思考。这些新的习惯可能需要你付出更大的努力，耗费更大的心血，但是，这些行为很快就会成为你自然的和本能的一部分。

（3）冥想。大脑充斥着思想、感情、记忆、计划——所有这

一切都在竞争，想引起你的注意。在你整日沉浸于来自方方面面的刺激，需要从身心上做出反应时，这种大脑“吵架”的现象更为严重。为了专注于从事创新，你需要净化和清理你的大脑。做到这一点的一个有效的方法就是做冥想练习。

3. 运用技巧促使新思维产生

创新的思考要求你的大脑松弛下来，在不同的事情之间寻找联系，从而产生不同寻常的可能性。为了把自己调整到创新的状态上来，你必须从你熟悉的思考模式，以及对某事的固定成见中摆脱出来。为了用新的观点看问题，你必须能打破看问题的习惯方式。为了避免习惯的束缚，你可以用以下几种技巧来活跃你的思维。

（1）群策攻关法。群策攻关法是艾利克斯·奥斯伯恩于1963年提出的一种方法：与他人一起工作从而产生独特的思想，并创造性地解决问题。在一个典型的群策攻关期间，一般是一组人在一起工作，在一个特定的时间内提出尽可能多的思想。提出了思想和观点以后，并不对它们进行判断和评价，因为这样做会抑制思想自由地流动，阻碍人们提出建议。批判的评价可推迟到后一个阶段。应鼓励人们在创造性地思考时，善于借鉴他人的观点，因为创造性的观点往往是多种思想交互作用的结果。你也可以通过运用你思想无意识的流动，以及你大脑自然的联想力，来迸发出你自己的思想火花。

（2）创造“大脑图”。“大脑图”是一个具有多种用途的工具，它既可用来提出观点，也可用来表示不同观点之间的多种联系。你可以这样来开始你的“大脑图”：在一张纸的中间写下你主要的专题，然后记录下所有你能够与这个专题有联系的观点，并用连线把它们连起来。让你的大脑自由地运转，跟随这种建立联系的活动。你应该尽可能快地思考，不要担心次序或结构，让其自然地呈现出结构，要反映出你的大脑自然地建立联系和组织信息的方式。一旦完成了这个过程，你能够很容易地在新的信息和你不断加深理解的基础上，修改其结构或组织。

4.留出充裕的酝酿时间

把精力专注于你的工作任务之后，创新的下一个阶段就是停止你的工作，为创新思想留出酝酿时间。虽然你的大脑已经停止了积极的活动，但是，你的大脑仍在继续运转——处理信息，使信息条理化，最终产生创新的思想和办法。这个过程就是大家都知道的“酝酿成熟”的阶段，因为它反映了创新思维的诞生过程。当你在从事你的工作时，你从事创新的大脑仍在运转着，直到豁然开朗的那一刻，酝酿成熟的思想最终会喷薄而出，出现在你大脑意识层的表面上。最常见的情况是这样的，当参加一些与某项工作完全无关的活动时，这个豁然开朗的时刻常常会来临。

创新并不神秘，但它的力量却异常的强大和神奇。为了在现代竞争中占据一席之地，不断地创新是唯一的出路。

换一个角度，换一片天地

很多情况下，制造痛苦的并非事件本身，而是我们自己。

有一位哲人曾经说过：“我们的痛苦不是问题的本身带来的，而是我们对这些问题的看法而产生的。”这句话很经典，它引导我们学会解脱，而解脱的最好方式是面对不同的情况，用不同的思路去多角度地分析问题。因为事物都是多面性的，视角不同，所得的结果就不同。

有时候，人只要稍微改变一下思路，人生的前景、工作的效率就会大为改观。

当人们遇到挫折的时候，往往会这样鼓励自己："坚持就是胜利。"有时候，这会让我们陷入一种误区：一意孤行，不撞南墙不回头。因此，当我们的努力迟迟得不到结果的时候，就要学会放弃，要学会改变一下思路。其实细想一下，适时地放弃不也是人生的一种大智慧吗？改变一下方向又有什么难的呢？

一位中国商人在谈到卖豆子时，显示出了一种了不起的激情和智慧。

他说：如果豆子卖得动，直接赚钱好了。如果豆子滞销，分三种办法处理：

第一，将豆干沤成豆瓣，卖豆瓣。

如果豆瓣卖不动，腌了，卖豆豉；如果豆豉还卖不动，加水发酵，改卖酱油。

第二，将豆子做成豆腐，卖豆腐。

如果豆腐不小心做硬了，改卖豆腐干；如果豆腐不小心做稀了，改卖豆腐花；如果实在太稀了，改卖豆浆。如果豆腐卖不动，放几天，改卖臭豆腐；如果还卖不动，让它长毛彻底腐烂后，改卖腐乳。

第三，让豆子发芽，改卖豆芽。

如果豆芽还滞销，再让它长大点，改卖豆苗；如果豆苗还卖不动，再让它长大点，干脆当盆栽卖，命名为"豆蔻年华"，到城市里的各大中小学门口摆摊和到白领公寓区开产品发布会，记住这次卖的是文化而非食品。如果还卖不动，建议拿到适当的闹市区进行一次行为艺术创作，题目是"豆蔻年华的枯萎"，记住以旁观者身份给各个报社写个报道，如成功可用豆子的代价迅速成为行为艺术家，并完成另一种意义上的资本回收，同时还可以拿点报道稿费。如果行为艺术没人看，报道稿费也拿不到，赶紧找块地，把豆苗种下去，灌溉施肥，3 个月后，收成豆子，再拿去卖。

如上所述，循环一次。经过若干次循环，即使没赚到钱，豆子的囤积相信不成问题，那时候，想卖豆子就卖豆子，想做豆腐就做豆腐！

换个思路，换个角度，变通一下，总会有新的方向和市场。一条路走到黑只会是头破血流，不妨绕道而行，自己的状况也会取得突破。

对于每个人来说，思维定式使头脑忽略了定式之外的事物和观念。而根据社会学、心理学和脑科学的研究成果来看，思维定式似乎是难以避免的。不过经实验证明，人类通过科学的训练还是能够从一定程度上削弱思维定式的强度的，那么，这种训练方法是什么呢？答案是：尽可能多地增加头脑中的思维视角，拓展思维的空间。

美国创造学家奥斯本是“头脑风暴法”的发明人。为了促进人们大胆进行创造性想象、提出更多的创造性设想，奥斯本提出著名的思想原则，以激励人们形成“激烈涌现、自由奔放”的创造性风格。

1. 自由畅想原则

指思维不受限制，已有的知识、规则、常识等种种限定都要打破，使思维自由驰骋。破除常规，使心灵保持自由的状态，对于创造性想象是至关重要的。

例如，从事机械行业的人习惯于用车床切割金属。在车床上直接切割部件的是车刀，它当然要比被切割的金属坚硬。那么，切割世界上已知最硬的东西该怎么办呢？显然无法制出更硬的车刀，于是，善于进行自由畅想的技师发明了电焊切割技术。

2. 延迟评判原则

指在创造性设想阶段，避免任何打断创造性构思过程的判断和评价。日本一家企业的管理者在给下属布置任务时指出：只要是有关业务的合理性建议，一律欢迎，不管多么可笑，想说就说出来。但他强调，绝不允许批评别人的建议。虽然开始大家有些拘谨，但后来气氛越来越活跃。结果，征集到了 100 多条合理性建议，企业的发展因此出现了大幅度的飞跃。

3. 数量保障质量原则

指在有限的时间内，提出一定的数量要求，会给设想的人造成心理上的适当压力，往往会减少因为评判、害怕而造成的分心，提出更多的创造性设想。在实践中，奥斯本发现，创造性设想提的越多，有价值的、独特的创造性设想也越多，创造性设想的数量与创造性设想的质量之间是有联系的。数量保障质量原则就是利用了这一规律。

4. 综合完善原则

指对于提出的大量不完善的创造性设想，要进行综合和进一步加工完善的工作，以使创造性设想更加完善和能够实施。

奥斯本的四项原则，虽然是用于小组创造活动的，但是，这四条原则保障创造性设想过程能够顺利进行，因此，对于个人进行创造性思维启发是巨大的。

要解决一切困难是一个美丽的梦想，但任何一个困难都是可以解决的。一个问题就是一个矛盾的存在，只要在矛盾之中，尝试着拓展思路去看问题，寻找到一个合适的矛盾介点，就可以迎来一个柳暗花明的新局面。

别让“约拿情结”毁了你

“约拿情结”的典故出自《圣经》，却高度概括了人的一种状态。人渴望成功又害怕面对成功，内心一直在积极与消极的两端徘徊。其实，这种心理迷茫状态来源于内心深处的恐惧感，而这种深层的恐惧心理，也成了人生最严重的致命伤。

约拿是《圣经》中的人物。据说上帝要约拿到尼尼微城去传话，这本是一种崇高的使命和荣誉，也是约拿平素所向往的。但一旦理想成为现实，他又感到一种畏惧，觉得自己不行，想回避即将到来的成功，想推却突然降临的荣誉。这种在成功面前的畏惧心理，心理学家们称之为“约拿情结”。

约拿情结是一种普遍的心理现象。我们想取得成功，但成功以后，又总是伴随着一种心理迷茫。我们既自信，又自卑，我们既对杰出人物感到敬仰，又总是心怀一种敌意。我们敬佩最终取得成功的人，而对成功者，又怀有一种不安、焦虑、慌乱和忌妒。我们既害怕自己最低的可能性，又害怕自己最高的可能性。

说到底，“约拿情结”是一种内心深层次的恐惧感。这种恐惧感往往会破坏一个人的正常能力。

恐惧使创新精神陷于麻木；恐惧毁灭自信，导致优柔寡断；恐惧使我们动摇，不敢做任何事情；恐惧还使我们怀疑和犹豫。恐惧是能力上的一个大漏洞，而事实上，有许多人把他们一半以上的宝贵精力浪费在毫无益处的恐惧和焦虑上面了。

恐惧虽然阻碍着人们力量的发挥和生活质量的提高，但它并非不可战胜。只要人们能够积极地行动起来，在行动中有意识地纠正自己的恐惧心理，那它就不会再成为我们的威胁。

勇敢的思想和坚定的信念是治疗恐惧的天然药物，勇敢和信心能够中和恐惧，如同在酸溶液里加一点碱，就可以破坏酸的腐蚀力一样。

对此，我们不妨多加了解一下。

有一个文艺作家对创作抱着极大的野心，期望自己成为大文豪。美梦未成真前，他说："因为心存恐惧，我眼看一天过去了，一星期、一年也过去了，仍然不敢轻易下笔。"

另有一位作家说："我很注意如何使我的心力有技巧、有效率地发挥。在没有一点灵感时，也要坐在书桌前奋笔疾书，像机器一样不停地动笔。不管写出的句子如何杂乱无章，只要手在动就好了，因为手到能带动心到，从而慢慢地将文思引出来。"

初学游泳的人，站在高高的水池边要往下跳时，都会心生恐惧。如果壮大胆子，勇敢地跳下去，恐惧感就会慢慢消失，反复练习后，恐惧心理就不复存在了。

倘若很神经质地怀着完美主义的想法，进步的速度会受到限制。如果一个人恐惧时总是这样想："等到没有恐惧心理时再来跳水吧，我得先把害怕退缩的心态赶走才可以。"这样做的结果往往是把精神全浪费在消除恐惧感上了。

这样做的人一定会失败，为什么呢？人类心生恐惧是自然现象，只有亲身行动才能将恐惧之心消除。不实际体验，只是等待恐惧之心离你远去，自然是徒劳无功的事。

在不安、恐惧的心态下仍勇于作为，是克服神经紧张的处方，它能使人在行动之中，获得活泼与生气，渐渐忘却恐惧心理。只要不畏缩，有了初步行动，就能带动第二、第三次的出发，如此一来，心理与行动都会渐渐走上正确的轨道。

今天得过且过，将来一事无成

有的人想做大事，却漫无目的，得过且过。这样的人肯定无法超越自我，难有大的突破和进展。实际上，凡是有“得过且过”心态的人，无不是给自己立了一堵墙，并陶然忘我地在围墙之内沉醉。殊不知，这俨然是在耗费生命。

在古希腊，有两个同村的人，为了一比高低，打赌看谁走得离家最远。于是，他们同时却不同道地骑着马出发了。

一个人走了 13 天之后，心想：“我还是停下来吧，因为我已经走了很远了。他肯定没有我走得远。”于是，他停了下来，休息了几天，掉转马头返回家乡，重新开始他的农耕生活。

而另外一个人走了 7 年，却没回来，人们都以为这个傻瓜为了一场没有必要的打赌而丢了性命。

有一天，一支浩浩荡荡的队伍向村里走来，村里的人不知发生了什么大事。当队伍临近时，村里有人惊喜地叫道：“那不是克尔威逊吗？”消失了 7 年的克尔威逊已经成了军中统帅。

他下马后，向村里人致意，然后说：“鲁尔呢？我要谢谢他，因为那个打赌让我有了今天。”鲁尔羞愧地说：“祝贺你，好伙伴。我至今还是农夫！”

暂时满足的心态只能使你次人一等。生活中有多少人都是这样成为次人一等者的啊！

一个有生气、有计划、克服消极心态的人，一定会不辞任何劳苦，坚持不懈地向前迈进，他们从来不会想到“将就过”这样的话。有些人常常对他人说：“得过且过，过一把瘾吧！”“只要不饿肚子就行了！”“只要不被撤职就够了！”这种人无异于承认自己没有生机。他们简直已经脱离了世人的生活，至于“克服消极心态”那更是想也不必想了。

打起精神来！它虽然未必能够使你立刻有所收获，或得到物质上的安慰，但它能够充实你的生活，使你获得无限的乐趣，这是千真万确的。

无论你做什么事，打不起精神来就不能克服消极心态。你必须全神贯注，竭尽所有的精力去做它，务必使你每天都有显著的克服消极心态的进步，因为我们每天从事的工作都可以训练和发展我们克服消极心态的能力。一个人如能打定如此坚定的主意，那他的收获一定不会仅够“填饱肚子”的。

那些克服消极心态而成就的大事，绝非“填饱肚子”以及做事“得过且过”的人所能完成的，只有那些意志坚决、不辞辛苦、十分热心的人才能完成这些事业。

在美国西部，有个天然的大洞穴，它的美丽和壮观出乎人们的想象。但是这个大洞穴一直没有被人发现，没有人知道它的存在，因此它的美丽也等于不存在。有一天，一个牧童偶然发现洞穴的入口，从此，新墨西哥州的绿巴洞穴成为世界闻名的胜地。

科学研究表明，我们每个人都有140亿个脑细胞，而一个人只利用了肉体和心智能源的极小部分。若与人的潜力相比，我们只处于半醒状态，还有许多未发现的“绿巴洞穴”。正如美国诗人惠特曼诗中所说：

我，我要比我想象得更大、更美
在我的，在我的体内
我竟不知道包含这么多美丽
这么多动人之处……

人是万物的灵长，是宇宙的精华，我们每个人都具有光扬生命的本能。为“生命本能”效力的就是人体内的创造机能，它能创造人间的奇迹，也能创造一个最好的你。

我们每个人心里都有一幅“心理蓝图”或一幅自画像，有人称它为“自我心像”。自我心像有如电脑程序，直接影响它的运作结果。如果你的心像想的是做最好的你，那么你就会在你内心的“荧光屏”上看到一个踌躇满志、不断进取的自我。同时，还会经常听到“我做得很好，我以后还会做得更好”之类的信息，这样你注定会成为一个最好的你。美国哲学家爱默生说：“人的一生正如他一天中所设想的那样，你怎样想象，怎样期待，就有怎样的人生。”美国赫赫有名的钢铁大王安德鲁·卡内基就是一个能充分发挥自己创造机能的楷模。他 12 岁时由苏格兰移居美国，最初在一家纺织厂当工人，当时，他的目标是决心“做全工厂最出色的工人”。因为他经常这样想，也是这样做的，最后果真成为了全工厂最优秀的工人。后来命运又安排他当邮递员，他想的是怎样“做全美最杰出的邮递员”。结果他的这一目标也实现了。他的一生总是根据自己所处的环境和地位塑造最佳的自己，他的座右铭就是：“做一个最好的自己。”

人生不设限，唤醒心中的巨人

科学家曾做过一个有趣的实验：

他们把跳蚤放在桌上，一拍桌子，跳蚤立即跳起，跳起高度均在其身高的100倍以上。然后他们在跳蚤头上罩一个玻璃罩，再让它跳。第一次跳蚤就碰到了玻璃罩，连续多次碰壁后，跳蚤改变了起跳高度以适应环境，每次跳跃高度总保持在罩顶以下。接下来，科学家逐渐改变玻璃罩的高度，这使跳蚤都在碰壁后主动改变跳跃的高度。最后，玻璃罩接近桌面，这时跳蚤已无法再跳了。于是，科学家把玻璃罩打开，再拍桌子，跳蚤仍然不会跳，变成“爬蚤”了。

跳蚤变成“爬蚤”，并非是它已丧失了跳跃的能力，而是一次次的受挫使它学乖了，习惯了，麻木了。最可悲之处在于，实际上玻璃罩已经不存在了，它却连“再试一次”的念头都没有了。玻璃罩已经罩在了它的潜意识里，罩在了它的心灵上。行动的欲望和潜能被自己扼杀了！科学家把这种现象叫作“自我设限”。

“自我设限”是人生的最大障碍，如果想突破它，我们就必须不怕碰壁。这时我们就用得着“饥渴精神”了。如果那只跳蚤永远想着“外面有美味可以填饱肚子”，那它就永远都不会放弃跳跃，除非生命终结。

无独有偶。自然科学家法布尔也曾利用毛毛虫做过一次很不寻常的试验。这些毛毛虫总是盲目地跟着前面的毛毛虫走，所以它们

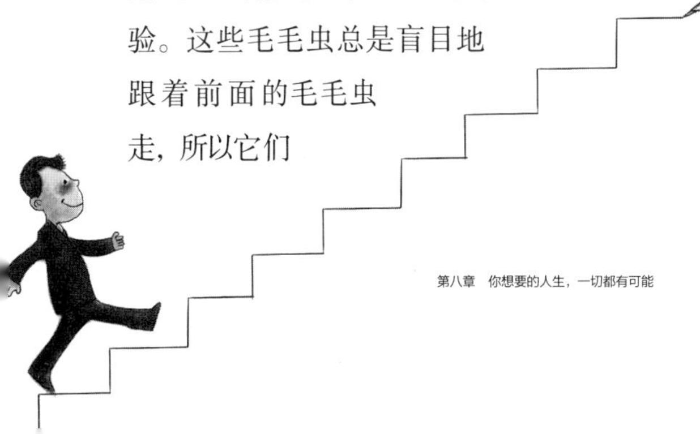

又叫游行毛毛虫。法布尔很小心地安排，使它们围着花瓶的边缘走成一个圆圈。花瓶的旁边则放了一些松针，这是毛毛虫喜欢的食物。毛毛虫开始绕着花瓶走，它们一圈又一圈地走，一连 7 天 7 夜，一直围着花瓶团团转。最后，终于因饥饿与筋疲力尽而死去。在不到 6 寸远的地方就有很丰富的食物，而它们却饥饿而死，因为它们把活动与成就弄混了。

许多人像毛毛虫一样，放弃主宰自己的生命和命运，按别人的意愿过日子，却不能够自主地生活。这种人最突出的特点就是盲从，他们没有目标，就像一艘没有舵的船，永远漂流不定，所以只会到达失望、失败和丧气的海滩。

许多人犯了毛毛虫所犯的错误，结果只从丰富的生活中获得了很小的一部分。他们跟着大家绕圈子，根本不到别的地方去。他们遵循既定的方法与步骤，没有别的理由，因为“大家都那样做”和“大家都认为应该那样做”。其实，深究起来，这两个小实验的结果揭示了极为深刻的寓意。常人的悲哀不在于他们不去努力，而在于他们总爱给自己设定许多条条框框，这种条框无意之间限制了他们的想象空间，以及创造的潜能和奋进的范围。看似一天到晚在忙碌，实际上自己已经套上了可怕的“金箍罩”，注定碌碌无为。

敢于打破自我设定的障碍，多一点超越，少一点盲从，世界会不一样。

任何人都应该有这样一种抱负，那就是在生命中做一些独特的、带有个人特征的事情，从而使自己免于平庸和世俗，并使自己远离毫无目标、无精打采的生活。最理想的抱负就是植根于现实土壤的切实目标，在自身能力范围之内尽可能地追求卓越。

所以说，真正需要唤醒的是你自己，我们每个人都应当尽可能地挖掘自身的潜能，激发自己的雄心壮志。

很多时候，某些我们极其敬仰的人给予我们的信任和鼓励，或者是当有些人对我们表示怀疑时另一些人却毫不犹豫地对我们的才能表示肯定，都可能激发起我们的雄心，并使我们在一瞬间看到无穷的机会。或许在当时我们并没有对此给予太多的关注，但是，它很可能成为我们职业生涯中的一个转折点。

在生活中，无数的人在阅读一本激励人心的书或一篇感人至深的励志美文时，突然感到灵光一闪，蓦地发现了一个崭新的自我。如果没有这样的一些书或文章，他们可能会永远对自身的真实能力懵懂无知。任何能够使我们真正认识自己，能够唤醒我们的全部潜能的东西都是无价之宝。

问题在于，我们中的绝大多数人从来没有被唤醒过，或者是直到生命的晚年才真正认识到自身的能力，但是为时已晚，再也不可能有大的作为了。因此，在我们年轻时就应当对自身的潜能有一个清醒的认识，唯其如此，我们才可能有效地发掘生命的潜力，从而最大程度地实现自我的价值。

大多数人在撒手人寰时，还有相当大的一部分潜能根本就没有被开发。他们只使用了自身能力中很小的一部分，而其他更珍贵的财富却白白地闲置在那儿，原封未动。

因此，最大化地开发一个人的潜能，已成为每个人一生要面对的重要命题。那么如何才能做到让潜能淋漓尽致地开发出来呢？其实，潜能开发的途径有许多，但从成功学的角度而言，主要有 4 个方面，即“诱、逼、练、学”。

“诱”就是引导

寻求更大领域、更高层次的发展，是人生命意识中的根本需求。“这山望着那山高”“喜新厌旧”是人的本性。因此，具有主体自觉意识的自我，有理性的自我，是绝不愿意停留在任何一种狭小的、有限的状态之中的，而是总想不断开拓以取得更大的发展，从而更好地生存的。这种炽热的、旺盛的发展需要，是渴望成功的表现，是潜能蓄势待发的前兆。只要对这种发展意识给予有益的暗示、引发、规划和培育，就能很好地激发并释放潜能。

“逼”就是逼迫

人是一个复杂的矛盾体，既有求发展的需要，又有安于现状、得过且过的惰性。能够卧薪尝胆、自我警醒的人少之又少，更多的人需要的是鞭策和当头棒喝式的促动，而“逼”就是“最自然”的好办法。人们常说的“压力就是动力”，就是这个意思。

因此，被逼不是“无奈”，被逼是福。

要么你是被“看得起”委以重托，要么是有好运气，否则别人不会“逼”到你的头上来。

被逼，心态就会改变；被逼，就会有明确的目标；被逼，就会分清轻重缓急，抓紧时间；被逼，就会马上行动。不寻求突破，不创新，就休想跨过这道坎。于是潜能在一逼之下因迅速集聚而爆发，如同核聚变。

逼自己，就是战胜自己，必须比过去的自己更好；逼自己，就是超越竞争，必须比别人更好。别人想不到的，我要想到；别人不敢想的，我敢想；别人不敢做的，我来做；别人认为做不到的，我一定要做到。潜能的力量是巨大的！

人的潜能也遵循着“马太效应”，越开发，越使用，就越多越强。

生命力是从压力中体现出来的。生命力就是创新能力，就是创造力，就是人的潜能，也就是竞争力。

“练”就是练习

此处特指专家为开发人的潜能而专门设计的练习、题目、测验、训练，如脑筋急转弯、一分钟推理等，多做有益。另外还包括“潜意识理论与暗示技术”“自我形象理论与观想技术”“成功原则和光明技术”“情商理论与放松入静技术”等。

“学”就是学习

学习绝对是增加潜能基本储量及促使潜能发挥的最佳方法。知识丰富必然联想丰富，而智力水平则取决于神经元之间信息联接的广度和信息量。

冲破思想的樊篱，一切皆有可能

正是我们今天的思考和努力，预知和把握着未来的蓝图。一切皆有可能，只要敢于冲破思想的樊篱。

昨天的努力，今天的奋斗，都是为了赢得明天的辉煌。明天是未知的，是不可猜测的，但我们却可以利用超前思维预知和把握未来。综观无数成功案例，杰出人士就是靠超前思维拨开了现实的层层迷雾，突破了发展道路上的重重障碍，最终看到了胜利的曙光。

思想超前，用中国一句古话来形容就是未雨绸缪，以长远的眼光，对未来早做谋划。思想超前的人，能够洞悉种种隐匿未现的机遇，从而早做准备，果断出击，实现“无中生有”的目标。

要走无中生有的路，就要运用超前思维以“见人所未见，为人所未为”。套用鲁迅名言：“无路处本来就是创新的路。”要走无中生有的路，就要有魄力、有决心、有方法，搭别人的车走自己的路，或借用别人的路，行自己的车；要走无中生有的路，还要有很高的心理素质。

创新意味着机会，同时也意味着风险。要走无中生有的路，要想做出无米之炊，没有点胆量、气魄是万万不能的，因此，谁要想走出人所未走之路，谁要想成人所未成之功，谁就要不畏惧失败，要勇于承受风险。

威尔士是美国东北部哈特福德城的一位牙科医生，是西方世界医学领域对人体进行麻醉手术的最早试验者。在威尔士以前，西方医学界还没有找到麻醉人体之法，外科手术都是在极残酷的情况下进行的。

后来，在英国化学家戴维发现笑气（氧化亚氮）以后，1844 年，美国化学家考尔顿考察了笑气对人体的作用，带着笑气到各地做旅行演讲，并做笑气“催眠”的示范表演。这天他来到美国东北部哈特福德城进行表演，不想在表演中发生了意外。那是在表演者吸入笑气之后，由于开始的兴奋作用，病人突然从半昏睡中一跃而起，神志错乱地大叫大闹着，从围栏上跳出去追逐观众。在追逐中，由于他神志错乱，动作混乱，大腿根部一下子被围栏划破了个大口子，鲜血涌泉般地流淌不止，在他走过的地上留下一道殷红的血印。围观的观众早被表演者的神经错乱所惊呆，这时又见表演者不顾伤痛向他们追来，更是惊吓不已，都惊叫着向四周奔去，表演就这样匆匆收了场。

这场表演虽结束了，但表演者在追逐观众时腿部受伤而丝毫没有疼痛的现象，却给现场的牙科医生威尔士留下了非常深刻的印象。于是他立即开始了对氧化亚氮的麻醉作用进行实验研究。

1845 年 1 月，威尔士在实验成功之后，来到波士顿一家医院公开进行无痛拔牙表演。表演开始，威尔士先让病人吸入氧化亚氮，使病人进入昏迷状态，随后便做起了拔牙手术。但不巧，由于病人吸入氧化亚氮气体不足，麻醉程度不够，威尔士的钳子夹住病人的牙齿刚刚往外一拔，便疼得那位病人“啊呀”一声大叫起来。众人见之先是一惊，随之都对威尔士投去轻蔑的眼光，指责他是个骗子，把他赶出了医院。

威尔士表演失败了，他的精神也崩溃了。他转而认为手术疼痛是“神的意志”，于是他放弃了对麻醉药物的研究。

可是他的助手摩顿与其不同，摩顿开始了自己的探索。1846年10月，摩顿在威尔士表演失败的波士顿医院当众再做麻醉手术实验。结果在众目睽睽之下，他获得了成功。

“无中生有”是需要气魄、胆识和毅力的，在“无中生有”的创新之路上，往往有失败和风险同行。成功属于能够不畏艰险，善于从失败中汲取经验并坚持到底的人。

失败往往是促进进步、产生创新的良方。一次失利并不等于最终失败，惧怕失败而不敢创新的人，就如同害怕跌倒而停步不前的人。要开辟一条“无中生有”的创新之路，首先得准备接受失败的打击，把它看作成功创新的必经之路。

打破常规，自己订立游戏规则

规则不是不能改变的。运用自己的智慧，自己订立游戏规则，你就能掌握命运的主动权。

我们生活在一个充满了规则的世界，做任何事都必须遵守规则。规则保证了世界秩序的有效运转，但另一方面它也限制了人发挥他的能力。

很多人墨守成规，虽然也能解决问题，但是往往缺乏效率与新意。而打破常规，我们以各种角度来看待问题，这样就能更容易地抓住问题的关键，并据此订立新的规则，有针对性地解决问题。这种解决问题的方式既有效率，又有新意。

在一次企业管理培训班上，培训师要求大家做一个游戏。十几个学员平均分为两队，要把放在地上的两串钥匙捡起来，从队首传到队尾。规则是必须按照顺序，并使钥匙接触到每个人的手。比赛开始并计时后，两队的第一反应都是按老师做过的示范：捡起一串，传递完毕，再传另一串。结果都用了15秒左右。

老师说："动动脑筋，时间还可以再减半。"一个队先"悟"了，把两串钥匙拴在一起同时传，这次只用了5秒钟。老师说："时间还可以再减半，你们还有潜力可挖！"怎么可能？学员们很不自信。这时场外没参加游戏的人急忙提醒道："只是要求按顺序从手上经过，不一定非得传呀！"一个队明白了，完全抛开了传递方式，开始飞快地把手握成圆桶状，摞在一起，形成一个通道，让钥匙像自由落体一样从上落下，这样的方法既按了顺序，同时也接触了每个人的手。时间是0.5秒，随即欢呼声起。

从这个例子可以看出，遵守常规会造成思维定势，要提高效率就要寻找新方法，要获得成功就需要自己订立游戏规则。

有个小村庄，村里除了雨水没有任何水源，为了解决这个难题，村里的人决定对外签订一份送水合同，以便每天都能有人把水送到村子里。村子里有两个年轻人小李和小张非常愿意接受这份工作，于是村里把合同同时给了他们。

签订合同后，小李立刻行动起来。他每日在十里外的湖泊和村庄之间奔波，用两只大桶从湖中打水运回村庄，倒在由村民们修建的一个结实的大蓄水池中。每天清晨他都必须起得比其他村民早，以便当村民需要用水时，蓄水池中已有足够的水供他们使用。由于起早贪黑地工作，小李很快就开始赚钱了。即使这是一项相当艰苦的工作，但是小李非常高兴，因为他能不断地赚钱，并且他对能够拥有两份合同中的一份感到特别满意。

而小张呢？自从签订合同后他就消失了，几个月来，人们一直没有看见过小张。这令小李兴奋不已，由于没人与他竞争，他赚到了所有的水钱。小张干什么去了？他做了一份详细的商业计划书，并凭借这份计划书找到了4位投资者，和自己一起开了一家公司。6个月后，小张带着一个施工队和一笔投资回到了村庄。花了整整一年的时间，小张的施工队修建了一条从村庄通往湖泊的大容量的不锈钢管道。

后来，其他有类似环境的村庄也需要水。小张重新制订了他的商业计划，开始向全国甚至全世界的村庄推销他的快速、低成本、大容量并且卫生的送水系统，每送出一桶水他只赚1角钱，但是每天他能送几十万桶水。无论他是否工作，无数的村庄每天都要消费这几十万桶水，而所有的这些钱便都流入了小张的银行账户中。显然，小张不但开发了使水流向村庄的管道，而且还开发了一个使钱流向自己的钱包的管道。从此，小张幸福地生活着。而小李在他的余生里仍拼命地工作，最终还是陷入了“永久”的财务问题中。

和小李一样，在工作中，有的人会发现，自己付出的辛勤汗水并不比别人少，但效果却总比别人差。究其原因，主要是方法的问题。在工作中，我们要注意做事的方法，培养自己打破常规的思维习惯。因为要想培养聪明巧干的能力，必须从思维方式方面着手。如果一直局限于一种思维方式，即便它过去总是给你带来成功，但也许有一天它就会导致你的“滑铁卢”。

著名的心算家米尼苏·弗拉德曼从来没有失算过。

这一天他做表演时，有人上台给他出了道题：“一辆载着283名旅客的火车驶进车站，有87人下车，65人上车；下一站又下去49人，上来112人；再下一站又下去37人，上来96人；再再下站又下去74人，上来69人；再再再下一站又下去17人，上来23人……”

那人刚说完，心算大师便不屑地答道：“小儿科！告诉你，火车上一共还有——”

“不，”那人拦住他说，“我是请您算出火车一共停了多少站。”

米尼苏·弗拉德曼呆住了，这组简单的加减法成了他的“滑铁卢”。

而真正“滑铁卢”的失败者拿破仑也有一个故事。

拿破仑被流放到圣赫勒拿岛后，他的一位善于谋略的密友通过秘密渠道给他捎来一副用象牙和软玉制成的国际象棋。拿破仑爱不释手，从此一个人默默下起了象棋，打发着寂寞痛苦的时光。象棋被摸光滑了，他的生命也走到了尽头。拿破仑死后，这副象棋经过了多次转手拍卖。后来一个拥有者偶然发现，有一枚棋子的底部居然可以打开，里面塞有一张如何逃出圣赫勒拿岛的详细计划！

两个故事，两个遗憾。他们的失败，其实都是败在没有打破常规上。心算家思考的只是老生常谈的数字，军事家想的只是消遣，他们忽略了常规之外的东西，但这些东西偏偏就是问题的关键。由此可见，在自己的思维定势里打转，天才也走不出死胡同。

无数事实证明，伟大的创造、天才的发现，都是从打破常规开始的。只有打破常规，你才能订立自己的游戏规则，在人生的舞台上做出自己最精彩的表演。